室内装饰装修施工图设计

主 编 覃 斌 朱红华
副主编 刘小丹 李 冰 张 勇
参 编 宋 洁 李鸿翔

北京理工大学出版社
BEIJING INSTITUTE OF TECHNOLOGY PRESS

内 容 提 要

本书共分为五个模块，主要内容包括：平面布置图设计、地面装饰装修施工图设计、顶棚装饰装修施工图设计、墙柱面装饰装修施工图设计和卫浴空间细部构造施工图设计。

本书可作为高等院校建筑室内设计、建筑装饰工程技术、室内艺术设计、环境艺术设计等相关专业的教材，也可供相关专业工程技术人员学习参考。

版权专有　侵权必究

图书在版编目（CIP）数据

室内装饰装修施工图设计 / 覃斌，朱红华主编. --北京：北京理工大学出版社，2023.7
ISBN 978-7-5763-2701-4

Ⅰ.①室… Ⅱ.①覃… ②朱… Ⅲ.①室内装饰设计—建筑制图 Ⅳ.①TU238.2

中国国家版本馆CIP数据核字（2023）第144433号

出版发行 /	北京理工大学出版社有限责任公司
社　　址 /	北京市丰台区四合庄路6号
邮　　编 /	100070
电　　话 /	（010）68914775（总编室）
	（010）82562903（教材售后服务热线）
	（010）68944723（其他图书服务热线）
网　　址 /	http://www.bitpress.com.cn
经　　销 /	全国各地新华书店
印　　刷 /	河北鑫彩博图印刷有限公司
开　　本 /	787毫米×1092毫米　1/16
印　　张 /	17
字　　数 /	399千字
版　　次 /	2023年7月第1版　2023年7月第1次印刷
定　　价 /	98.00元

责任编辑 / 江　立
文案编辑 / 江　立
责任校对 / 周瑞红
责任印制 / 王美丽

图书出现印装质量问题，请拨打售后服务热线，本社负责调换

前言 PREFACE

　　室内设计在我国发展到今天取得了巨大成就,但一直存在一个偏差,即"重效果图不重施工图,画图不如画画",导致工程项目在实施过程中容易在质量、工期、造价等方面出现一系列问题。

　　面对经济新常态、建筑工业化、设计施工一体化、新材料、新工艺、工匠精神等因素的变化,项目在实施过程中对施工图的要求越来越高,施工图的地位越发重要,室内设计现已进入施工图时代,可以说是"得施工图者得天下"。现今,装饰企业也越发重视施工图设计,对施工图设计人员的需求也日益增长。

　　室内设计中有很多细节设计,在整体设计中占有重要的位置,施工图深化设计是反映装饰细节的一个重要部分。从装饰细节着手的施工图深化设计,不但要表达对装饰形式细节的要求,同时,它也是细节构造做法、工艺、材料及实施技术的直接表达和体现。细节设计的是否到位将直接影响项目的装饰效果、施工品质和工程造价。

　　如何让学习者不变成"被动式、机械式画图(临摹抄绘图纸)",而是懂得如何"画",学会从工程设计的角度去设计施工图,是需要解决的关键问题。带着这样的思考,本书确立的编写思路和教学思路是:以施工图深化设计为载体和教学训练抓手,通过看懂施工图、看懂标准图集的训练;通过从整体到节点的图纸识读与绘制训练;通过基于方案设计做施工图深化设计训练;通过在绘制施工图的过程中融入装饰装修构造、装饰材料应用、施工标准的训练,让学习者深入了解和掌握"工程设计+工程制图+材料应用+构造做法"一体化集合式的知识与技能,使设计达到合规性、安全性、合理性、适用性和可实施性,使制图、构造、装饰材料应用、施工等方面所学的知识能"落地"并应用到施工图设计中,才能使室内装饰装修设计成为真正意义上的"工程设计"。

　　在本书的编写过程中,编写组认真总结长期以来课程教学实践经验,并广泛吸取同类教材的优点,力求做到以下几点:

（1）贯彻新的国家规范和标准，力求严谨、规范，叙述准确，通俗易懂。

（2）在内容安排上注重实用性与实践性。所选教学内容的广度和深度以能够满足学生从事岗位工作的需求为度，内容集"工程设计+工程制图+材料应用+构造做法"于一体。

（3）注重密切结合工程实际，专业例图来源于实际工程，便于学生理论联系实际，有利于提高学生识读施工图的能力。

（4）本书编写以实施"岗课赛证"一体化教学改革为指导，在内容安排、资源建设及应用、教学设计及方式方法改革上努力做到符合岗位职业标准，符合课程教学标准，响应装饰应用技能大赛，响应"1+X"室内设计职业技能等级证书的认证考核要求。

本书由辽宁生态工程职业学院覃斌、朱红华担任主编，辽宁生态工程职业学院刘小丹、李冰、张勇担任副主编，北京大业美家家居装饰集团有限公司沈阳分公司宋洁、辽宁晋级兴邦科技股份有限公司李鸿翔参与编写。具体编写分工为：模块一由刘小丹编写；模块二由李冰编写；模块三由覃斌编写；模块四由朱红华编写；模块五由张勇编写，宋洁、李鸿翔参与了案例资料收集整理、图纸提供与编绘。全书由覃斌负责统稿并定稿。

本书编写过程中，参阅了有关标准规范、教材、图片和文献资料，在此对相关作者表示诚挚的谢意。另外，本书采用了大量的优秀作品作为范图（部分来源于网络），由于时间仓促和联系不便，致使没能预先与原图作者进行沟通，在此表示歉意。

由于编者水平有限，书中难免存在不足之处，恳请广大读者批评指正。

编　者

目录 CONTENTS

模块一　平面布置图设计 ………001

任务一　平面布置图识图与绘制 ………001
【专业知识学习】………001
一、平面布置图的形成 ………001
二、平面布置图的图示内容及作用 ………001
三、平面布置图的图示方法及绘图步骤 ………003
【任务实操训练】………008
一、任务内容 ………008
二、任务要求 ………008

任务二　墙体拆建改造平面图设计与绘制 ………010
【专业知识学习】………010
一、墙体拆建改造平面图的作用及图示内容 ………010
二、墙体拆建改造设计注意事项 ………010
三、墙体拆建改造平面图的图示方法和绘图步骤 ………011
【任务实操训练】………015
一、任务内容 ………015
二、任务要求 ………017

任务三　客厅平面布置图设计与绘制 ………017
【专业知识学习】………017
一、客厅的平面布置方式 ………017
二、客厅与其他空间的组合配置 ………022
三、客厅的空间尺度要求 ………022
四、客厅常用家具的平面图示方法 ………024
【任务实操训练】………026
一、任务内容 ………026
二、任务要求 ………027

任务四　餐厅平面布置图设计与绘制 ………027
【专业知识学习】………028
一、餐厅的设置方式与平面布置 ………028
二、餐厅的家具布置 ………029
三、餐厅的空间尺度要求 ………031
【任务实操训练】………033
一、任务内容 ………033
二、任务要求 ………034

任务五　卧室平面布置图设计与绘制 ………034
【专业知识学习】………035

目　录

一、卧室的平面布置方式……………035
二、卧室的空间尺度要求……………039
三、卧室常用家具的平面图示
　　方法………………………………042
【任务实操训练】……………………043
一、任务内容…………………………043
二、任务要求…………………………043

任务六　书房平面布置图设计与绘制……044
【专业知识学习】……………………045
一、书房的平面布置方式……………045
二、书房与其他空间的组合配置……046
三、书房的空间尺度要求……………048
【任务实操训练】……………………052
一、任务内容…………………………052
二、任务要求…………………………052

任务七　厨房平面布置图设计与绘制……053
【专业知识学习】……………………054
一、厨房的平面布置方式……………054
二、厨房的空间尺度要求……………060
【任务实操训练】……………………063
一、任务内容…………………………063
二、任务要求…………………………063

任务八　卫生间平面布置图设计与
　　　　绘制………………………064
【专业知识学习】……………………064
一、卫生间的平面布置方式…………064
二、卫生间的空间尺度要求…………067
三、卫生间常用家具、设备的平面
　　图示方法…………………………070
【任务实操训练】……………………072

一、任务内容…………………………072
二、任务要求…………………………072

模块二　地面装饰装修施工图设计………074

任务一　地面铺装平面图识图与绘制……074
【专业知识学习】……………………074
一、楼地面基础知识…………………074
二、楼地面铺装形式…………………074
三、地面铺装平面图的图示内容及
　　作用………………………………074
【任务实操训练】……………………076
一、任务内容…………………………076
二、任务要求…………………………077

任务二　地面拼花施工图设计与绘制……078
【专业知识学习】……………………078
一、波导线与地面拼花………………078
二、地面拼花图的图示内容与
　　方法………………………………079
三、地面拼花图的设计方法…………079
【任务实操训练】……………………082
一、任务内容…………………………082
二、任务要求…………………………083

任务三　地砖铺装施工图设计与绘制……083
【专业知识学习】……………………083
一、地砖的分类………………………084
二、地砖铺贴样式的选择与设计……085
三、地砖铺装施工图的图示内容与
　　方法………………………………086
【任务实操训练】……………………089

一、任务内容 …………………… 089

　　二、任务要求 …………………… 089

任务四　木地板铺装施工图设计与

　　　　　绘制 …………………………… 090

　　【专业知识学习】………………… 091

　　一、木地板种类及性能特点 ……… 091

　　二、木地板常见规格 ……………… 092

　　三、木地板拼接方式的选择与

　　　　设计 ………………………… 093

　　四、木地板铺设方向的选择与

　　　　设计 ………………………… 096

　　五、木地板铺装形式及节点图

　　　　识读 ………………………… 097

　　六、木地板铺装施工图的图示内容

　　　　与方法 ……………………… 098

　　【任务实操训练】………………… 099

　　一、任务内容 …………………… 099

　　二、任务要求 …………………… 100

任务五　石材地面铺装施工图设计与

　　　　　绘制 …………………………… 101

　　【专业知识学习】………………… 101

　　一、常见石材性能及适用范围 …… 102

　　二、石材铺装施工图的图示内容与

　　　　方法 ………………………… 102

　　【任务实操训练】………………… 106

　　一、任务内容 …………………… 106

　　二、任务要求 …………………… 106

任务六　地面不同装修材料交接部位

　　　　　施工图设计与绘制 …………… 107

　　【专业知识学习】………………… 107

　　一、常用收边构件 ………………… 107

　　二、地面不同材料交接部位的设计

　　　　处理 ………………………… 109

　　三、不同装修材料地面交接构造

　　　　详图 ………………………… 110

　　四、不同材料地面交接部位施工图

　　　　图示内容与方法 …………… 110

　　【任务实操训练】………………… 116

　　一、任务内容 …………………… 116

　　二、任务要求 …………………… 116

模块三　顶棚装饰装修施工图设计 ………… 119

任务一　顶棚平面图设计与绘制 ……… 119

　　【专业知识学习】………………… 119

　　一、顶棚平面图的图示内容 ……… 119

　　二、顶棚平面图识读 ……………… 121

　　【任务实操训练】………………… 127

　　一、任务内容 …………………… 127

　　二、任务要求 …………………… 128

任务二　石膏板吊顶施工图设计与

　　　　　绘制 …………………………… 130

　　【专业知识学习】………………… 130

　　一、轻钢龙骨纸面石膏板吊顶设计

　　　　要点 ………………………… 130

　　二、轻钢龙骨纸面石膏板吊顶的

　　　　组成 ………………………… 131

　　三、石膏板吊顶施工图识读 ……… 133

　　【任务实操训练】………………… 146

　　一、任务内容 …………………… 146

目 录

　　二、任务要求 …………………… 146

任务三　铝扣板吊顶施工图设计与绘制 ……………………… 148

　【专业知识学习】 ……………… 148

　　一、铝扣板的种类及规格 ……… 148

　　二、铝扣板吊顶的组成 ………… 148

　　三、常见标准板型号及配套龙骨 … 149

　　四、铝扣板吊顶龙骨的设计布置规范 …………………… 150

　　五、方形铝扣板吊顶施工图识读 … 150

　【任务实操训练】 ……………… 152

　　一、任务内容 …………………… 152

　　二、任务要求 …………………… 152

任务四　矿棉吸声板吊顶施工图设计与绘制 ……………………… 154

　【专业知识学习】 ……………… 154

　　一、矿棉吸声板品种、规格与边头形式 …………………… 154

　　二、矿棉吸声板吊顶的组成 …… 154

　　三、矿棉吸声板吊顶设计要点 … 157

　　四、矿棉吸声板吊顶施工图识读 … 157

　【任务实操训练】 ……………… 161

　　一、任务内容 …………………… 161

　　二、任务要求 …………………… 161

任务五　铝格栅吊顶施工图设计与绘制 ……………………… 163

　【专业知识学习】 ……………… 163

　　一、铝格栅常见规格 …………… 164

　　二、铝格栅吊顶的组成 ………… 164

　　三、铝格栅吊顶设计要点 ……… 165

　　四、铝格栅吊顶施工图识读 …… 165

　【任务实操训练】 ……………… 168

　　一、任务内容 …………………… 168

　　二、任务要求 …………………… 169

任务六　铝方通吊顶施工图设计与绘制 ……………………… 169

　【专业知识学习】 ……………… 170

　　一、铝方通的特点 ……………… 170

　　二、铝方通的种类 ……………… 171

　　三、铝方通的常见规格 ………… 171

　　四、铝方通吊顶的组成 ………… 171

　　五、铝方通吊顶设计要点 ……… 172

　【任务实操训练】 ……………… 172

　　一、任务内容 …………………… 172

　　二、任务要求 …………………… 174

任务七　铝合金垂片吊顶施工图设计与绘制 ……………………… 174

　【专业知识学习】 ……………… 175

　　一、铝合金垂片的特点 ………… 175

　　二、铝合金垂片吊顶的组成 …… 175

　　三、铝合金垂片吊顶设计要点 … 176

　　四、铝合金垂片吊顶施工图识读 … 176

　【任务实操训练】 ……………… 178

　　一、任务内容 …………………… 178

　　二、任务要求 …………………… 178

模块四　墙柱面装饰装修施工图设计 …… 180

任务一　装饰立面图识图与绘制 ……… 180

　【专业知识学习】 ……………… 180

一、装饰立面图的形成……………180

二、装饰立面图的图示内容及
方法………………………180

【任务实操训练】……………182

一、任务内容………………182

二、任务要求………………182

任务二 轻钢龙骨石膏板隔墙施工图设计与绘制……………186

【专业知识学习】……………187

一、轻钢龙骨石膏板隔墙的构造
组成………………………187

二、轻钢龙骨石膏板隔墙设计
要点………………………188

三、轻钢龙骨石膏板隔墙施工图的
图示内容与方法……………188

【任务实操训练】……………192

一、任务内容………………192

二、任务要求………………193

任务三 软包墙面施工图设计与绘制……193

【专业知识学习】……………193

一、软包墙面构造组成……………193

二、软包墙面设计要点……………193

三、软包墙面施工图的图示内容与
方法………………………194

【任务实操训练】……………197

一、任务内容………………197

二、任务要求………………198

任务四 干挂石材墙面施工图设计与绘制………………………198

【专业知识学习】……………198

一、干挂石材墙面的构造……………198

二、干挂石材墙面设计要点…………199

三、干挂石材墙面施工图的图示内容
与方法……………………200

【任务实操训练】……………207

一、任务内容………………207

二、任务要求………………208

任务五 陶瓷墙砖墙面施工图设计与
绘制………………………208

【专业知识学习】……………209

一、陶瓷墙砖的种类及特点…………209

二、陶瓷墙砖墙面构造……………211

三、陶瓷墙砖墙面设计要点…………212

四、陶瓷墙砖墙面施工图的图示
内容与方法…………………212

【任务实操训练】……………217

一、任务内容………………217

二、任务要求………………217

任务六 金属装饰板墙面施工图设计与
绘制………………………218

【专业知识学习】……………218

一、金属装饰板墙面构造……………219

二、金属装饰板墙面设计要点………219

三、金属装饰板墙面施工图的图示
内容与方法…………………219

【任务实操训练】……………223

一、任务内容………………223

二、任务要求………………224

任务七 玻璃装饰墙面施工图设计与
绘制………………………224

【专业知识学习】……224
一、玻璃装饰墙面构造……225
二、玻璃装饰墙面设计要点……225
三、玻璃装饰墙面施工图的图示
　内容与方法……226
【任务实操训练】……235
一、任务内容……235
二、任务要求……235

任务八　木质护壁墙裙墙面施工图设计
　　　与绘制……236
【专业知识学习】……236
一、木质护壁墙裙墙面构造……237
二、木质护壁墙裙墙面设计要点……238
三、木质护壁墙裙墙面施工图的
　图示内容与方法……238
【任务实操训练】……242
一、任务内容……242
二、任务要求……242

模块五　卫浴空间细部构造施工图设计……244

任务一　石材台面洗脸盆节点施工图设计
　　　与绘制……244
【专业知识学习】……244
一、石材台面……244
二、石材台面洗脸盆的构造组成……244
三、石材台面洗脸盆节点设计
　要点……249

【任务实操训练】……249
一、任务内容……249
二、任务要求……249

任务二　淋浴隔断交接节点施工图设计
　　　与绘制……251
【专业知识学习】……251
【任务实操训练】……253
一、任务内容……253
二、任务要求……254

任务三　地面导水槽节点施工图设计与
　　　绘制……254
【专业知识学习】……254
【任务实操训练】……255
一、任务内容……255
二、任务要求……256

任务四　壁挂式卫生洁具节点施工图
　　　设计与绘制……257
【专业知识学习】……257
一、壁挂式小便器……257
二、壁挂式坐便器……258
【任务实操训练】……261
一、任务内容……261
二、任务要求……261

参考文献……262

模块一 平面布置图设计

任务一 平面布置图识图与绘制

教学目标

了解平面布置图的作用，掌握平面布置图的图示内容及图示方法，掌握平面布置图的绘图步骤，能够看懂平面布置图。

教学重点与难点

1. 平面布置图的图示内容。
2. 平面布置图的图示方法。
3. 绘制平面布置图的规范要求。

专业知识学习

一、平面布置图的形成

平面布置图是假设用一水平剖切平面，沿着略高于窗台的位置对建筑作水平全剖切，移去上面的部分，对剩下的部分所作的水平正投影图。

二、平面布置图的图示内容及作用

平面布置图是用平面的方式展现空间的布置和安排的图纸，主要用于表达房间的布局，即家具、设备、绿植等的平面布置、平面形状、位置关系及尺寸大小。室内装饰装修平面布置图与建筑平面图表达的内容及表达方式基本相同，所不同的是增加了家具、设备、绿植等陈设方面的内容。

平面布置图所表达的主要内容如下：

（1）建筑主体结构（如墙、柱、台阶、楼梯、门窗等）的平面布置、具体形状，以及各种房间的位置和功能等。

（2）室内家具陈设、设施（电器设备、卫生盥洗设备等）的平面形状、摆放位置和说明。

（3）隔断、装饰构件，落地陈列的绿植、装饰小品的平面形状和摆放位置。

（4）尺寸标注，一是建筑结构体的尺寸；二是装饰布局和装饰结构的尺寸；三是家具、设备的尺寸。

（5）门窗的开启方式及尺寸。

（6）详图索引、各面墙的立面投影符号（内视符号）及剖切符号等。

（7）表明饰面的材料和装修工艺要求等文字说明。

依据平面布置图可以进行家具、设备购置单的编制工作；结合尺寸标注和文字说明可以制作材料计划和施工安排计划等。

图 1-1-1 所示为某住宅装饰装修平面布置图示例。

模块一 平面布置图设计

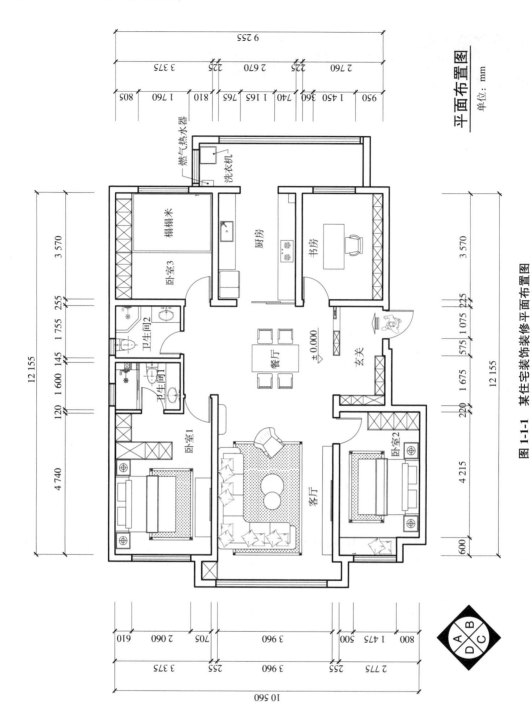

图 1-1-1 某住宅装饰装修平面布置图

扫码查看图 1-1-1

三、平面布置图的图示方法及绘图步骤

1. 绘制平面布置图的规范要求

(1)平面布置图应做到层次分明、效果美观，能较生动形象地表现出装饰构件、家具设施等物体的形状。

(2)平面布置图中绘制的装饰构件、家具设施等物体的尺寸应如实、准确。

(3)图线的线型、线宽应规范，要层次分明，有利于区分和识别。

(4)图内不宜有过多的尺寸标注和文字说明，以免破坏图面的层次感，导致不利于识读。

(5)平面表示的图例的画法很多，应以形拟物，必要时可对图例加以文字说明。

2. 平面布置图的绘图步骤

步骤 1 定图幅、选比例。

图幅即图纸幅面，是指图纸的大小。图纸基本幅面一般有 A0、A1、A2、A3 和 A4 五种。定图幅是指确定打印纸质图纸的大小，原则是需要根据有利于看清图样内容和信息来确定。

选比例即确定比例尺。平面布置图选用的比例一般比建筑平面图大，通常采用 1∶40、1∶50、1∶60、1∶80、1∶100、1∶200 等，如何选择合适的比例，通常需要根据画幅大小来确定，原则仍然是根据有利于看清图样内容和信息来确定。

注：使用计算机绘图时，通常按实际尺寸绘制，即画图是按图纸中尺寸与现场尺寸 1∶1 比例画，在确定图框时，把图框按比例放大就可以了。例如，计划输出打印的平面布置图要按 1∶100 比例打印在 A4 图纸上，在画图时，平面布置图按实际尺寸画，把图画好以后，再将 A4 大小的图框放大 100 倍，打印时设置打印比例为 1∶100，这样打印出来的 A4 图就是 1∶100 了。

步骤 2 绘制出房间的户型原始平面图，标注建筑结构体的尺寸及楼地面标高，如图 1-1-2 所示。

注：户型原始平面图是设计师根据原始建筑图纸(通常可从物业或售楼单位手中获取)，并综合现场测量的数据绘制而成的，其真实、准确地反映了房间的现状及具体尺寸。原始平面图是设计师进行设计的重要依据。原始平面图的绘制必须真实准确，如果图纸与实际不符，会造成设计失误，导致造价不准确，也会给施工带来麻烦。

步骤 3 绘制出家具陈设、厨房设备、卫生洁具、电器设备、隔断、装饰构件等物品的布置，如图 1-1-3 所示。

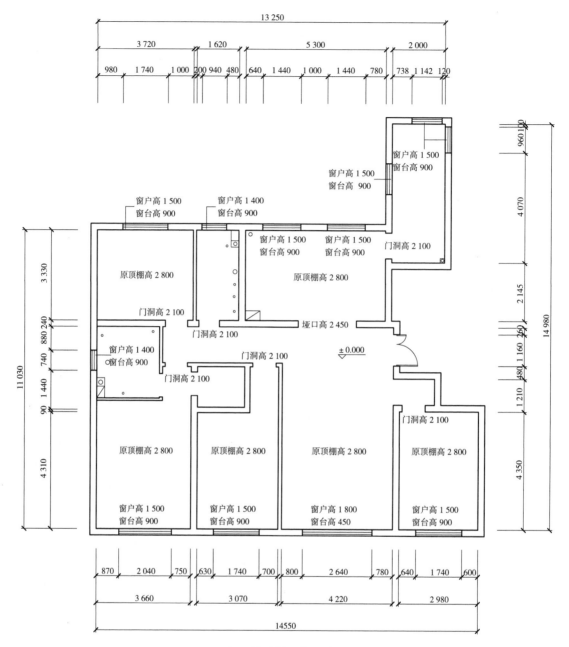

户型原始平面图
单位：mm

图 1-1-2　户型原始平面图

扫码查看图 1-1-2

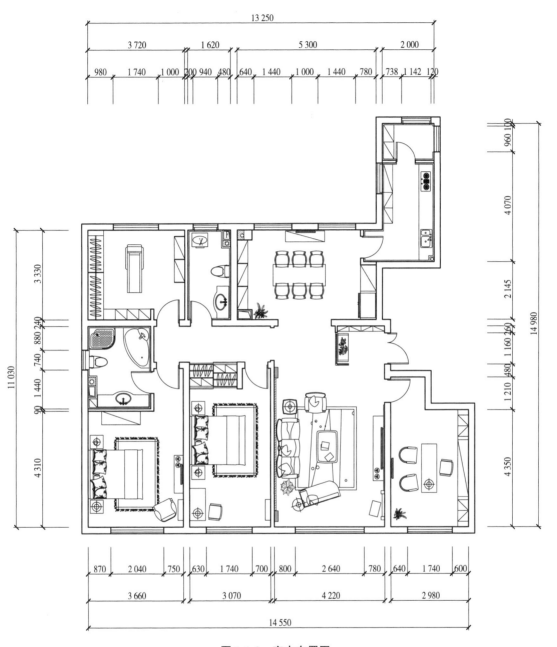

图 1-1-3　室内布置图

扫码查看图 1-1-3

步骤 4 标注尺寸，如家具、隔断、装饰造型等的定形尺寸、定位尺寸；绘制内视符号、索引符号，如图 1-1-4 所示。

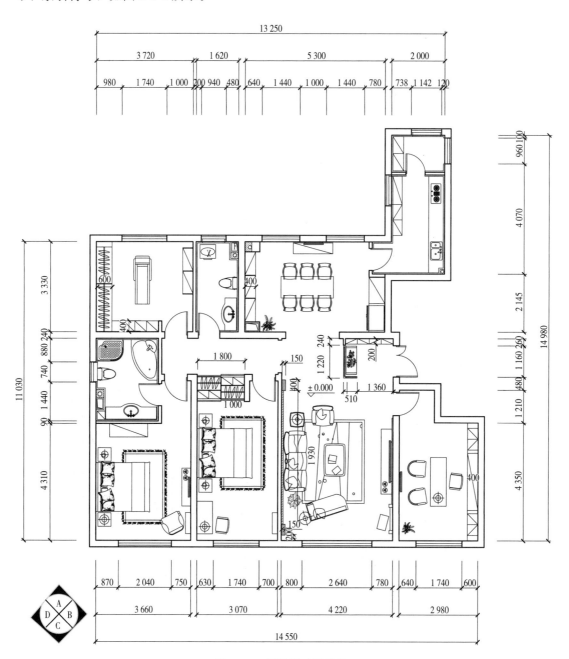

图 1-1-4 标注尺寸及符号

扫码查看图 1-1-4

步骤 5 检查无误后进行区分图线、注写文字说明、图名、比例等，完成绘图，如图 1-1-5 所示。

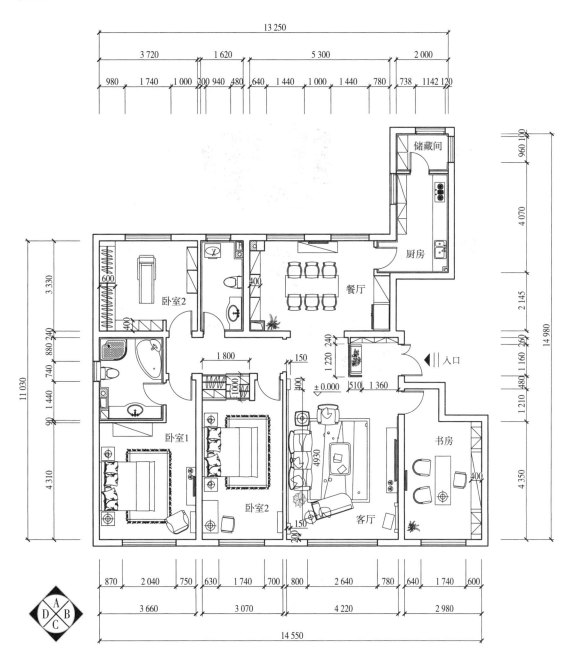

平面布置图 1:100
单位：mm

图 1-1-5 平面布置图

扫码查看图 **1-1-5**

任务实操训练

一、任务内容

本任务以"某住宅室内装饰装修设计"为例,对照图 1-1-6,使用 CAD 软件抄绘平面布置图(图 1-1-7)。

图 1-1-6　某住宅室内装饰装修设计户型立体轴测图

二、任务要求

(1)看懂平面布置图的图示内容。
(2)能较好地理解三维空间与二维平面的对应关系。
(3)掌握绘制平面布置图的规范要求。
(4)能够根据设计方案,熟练使用 CAD 软件抄绘平面布置图。

扫码查看图 **1-1-6**

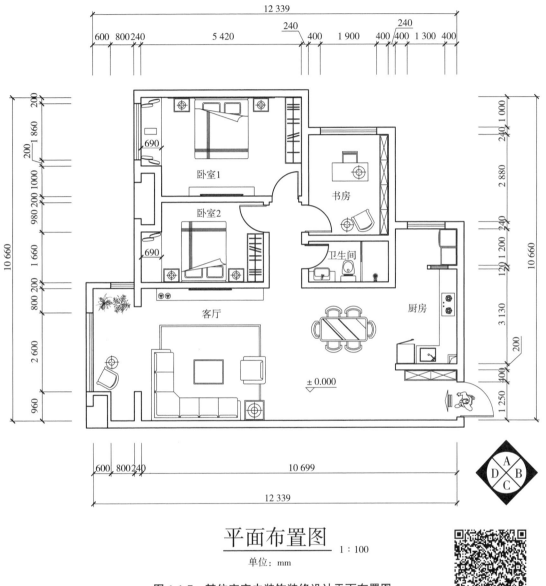

平面布置图 1:100

单位：mm

图 1-1-7　某住宅室内装饰装修设计平面布置图

扫码查看图 1-1-7

任务二　墙体拆建改造平面图设计与绘制

教学目标

了解墙体拆建改造平面图的作用；掌握墙体拆建改造平面图的图示内容及图示方法；能够看懂墙体拆建改造平面图；能够依据制图标准及设计规范绘制墙体拆建改造平面图。

教学重点与难点

1. 墙体拆建改造平面图的图示内容及图示方法。
2. 绘制墙体拆建改造平面图的规范要求。

专业知识学习

一、墙体拆建改造平面图的作用及图示内容

1. 墙体拆建改造平面图的作用

在室内装饰装修中，常因为房子原有的格局不合理或不能满足生活、工作及其他功能方面的需要，会对墙体进行拆建改造，把一些非承重墙拆除，新建一些墙体再重新组合室内空间格局，打造更能满足功能需要或个性化需求的布局结构。

墙体拆建改造平面图（以下简称墙体拆改平面图）是表达墙体拆改设计想法的图纸。其作用主要如下：

（1）使业主和施工方清楚哪些墙体和设施需要拆除，哪些墙体需要新建。
（2）明确需要拆除墙体的起止位置、尺寸，以便计算所需的工程量及造价。
（3）明确需要新建墙体的起止位置、尺寸和材料，以便计算所需的材料、工程量及造价。

2. 墙体拆建改造平面图的图示内容

墙体拆改平面图应主要表达出拆除墙体、门窗洞口和新建墙体、门窗洞口两大部分内容。具体图示内容如下：

（1）图示出拆除墙体，标明起止位置和尺寸。
（2）图示出新建墙体，标明起止位置和尺寸，注明建造材料和做法。
（3）图示出拆改后门窗洞口的位置和尺寸。

二、墙体拆建改造设计注意事项

（1）严禁拆除承重墙，否则会改变原有建筑的承重结构，使房屋各部位受力不均匀或重心偏移到其他部位，严重时可造成房屋裂缝、塌陷，甚至危及房屋安全。
（2）在进行装修时，不得随意在承重墙上穿洞、拆除连接阳台和门窗的墙体、扩大原有

门窗尺寸或另建门窗。另外，房间中的梁、柱用来支撑上层楼板，拆除后上层楼板就会掉下来，所以也不能拆改。

（3）非承重墙也并非可以随意拆改，非承重墙并非不承重，其含义仅仅是相对于承重墙而言。非承重墙是次要的承重构件，但同时也是承重墙非常重要的支撑部位。非承重墙同样具有两个重要作用，一个是墙体自重的支撑作用；另一个是抗震作用，如果大面积或随意拆改非承重墙，将大大降低楼体的抗震能力。

（4）未经燃气管理单位批准不能随意拆改燃气管道和设施。

（5）卫生间和厨房的地面上都有防水层，如果破坏了，会导致漏水。因此，在拆改卫生间和厨房的隔墙时，需要注意不要破坏防水层。如果拆改重新修建，一定要再次做好防水处理，且一定要做 24 h 渗水试验，确保 24 h 后不渗漏方为合格。

三、墙体拆建改造平面图的图示方法和绘图步骤

1. 绘制墙体拆改平面图的规范要求

（1）绘制墙体拆改平面图时，可以分别绘制墙体拆除图、墙体新建图，也可以合二为一，以有利于识读。

（2）表达拆除墙体、新建墙体和保留墙体这三种图例时，要定义成不同的图例样式，以便于区分和识别。

（3）墙体拆改平面图中绘制的拆改墙体、门窗洞口等构件的尺寸应如实、准确。

（4）墙体拆改平面图要能够准确反映出拆改前和拆改后的不同状态。一般会将墙体拆改平面图与原始平面图、平面布置图配合起来作比对识读。

（5）在墙体拆改平面图中，一般只表示出与墙体拆改有关的内容，其余无关的内容和信息均无须表示出来，以免对识读图造成干扰。

（6）对于拆改内容，必要时可加以文字说明。

2. 墙体拆改平面图的绘图步骤

步骤1 准备并整理好原始平面图，如图 1-2-1 所示。

步骤2 绘制墙体拆除图，如图 1-2-2 所示。具体工作内容如下：

（1）用对应的图例标示出需要拆除的墙体，绘图时起止位置和尺寸要精准。

（2）标注拆除墙体的尺寸，需要标明拆除墙体的长度和厚度尺寸。

步骤3 绘制新建墙体图，如图 1-2-3 所示。具体工作内容如下：

（1）用对应的图例标示出需要新建墙体，用对应的图例标示出需要拆除的墙体。

（2）标注新建墙体的尺寸，需要重点标明新建墙体的起止位置及墙体的厚度和长度尺寸。

（3）用文字注明新建墙体的类型和墙体的做法说明。

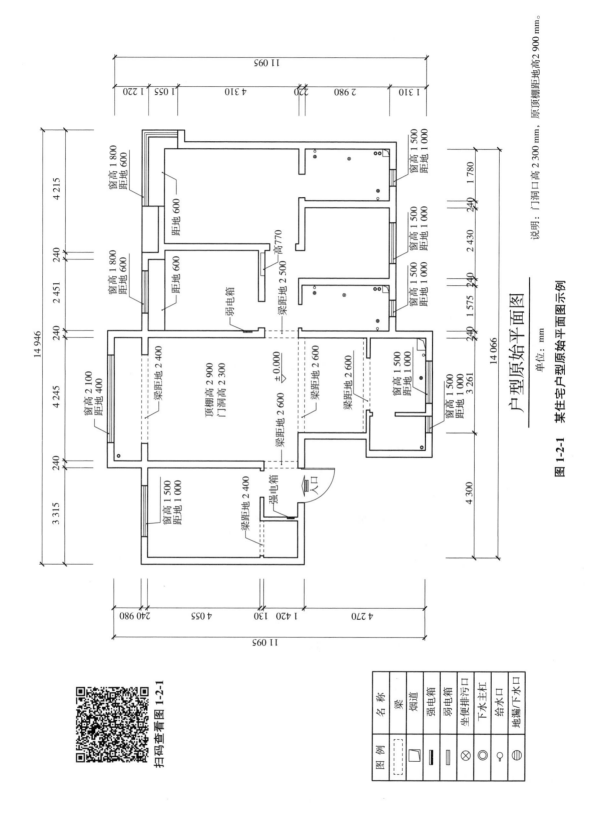

图 1-2-1　某住宅户型原始平面图示例

模块一 平面布置图设计 013

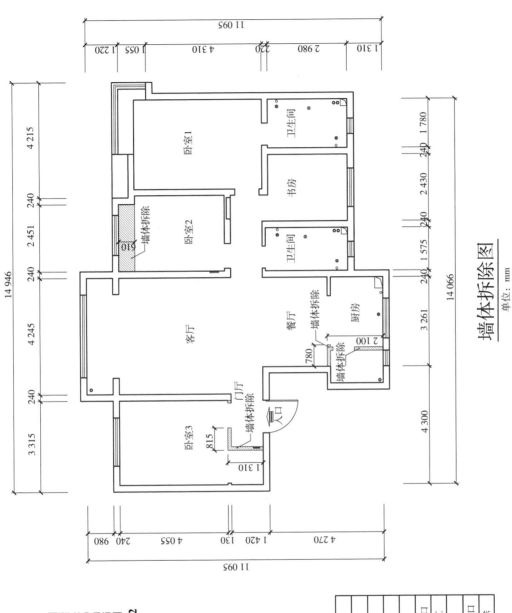

图 1-2-2 某住宅装饰装修设计墙体拆除图示例

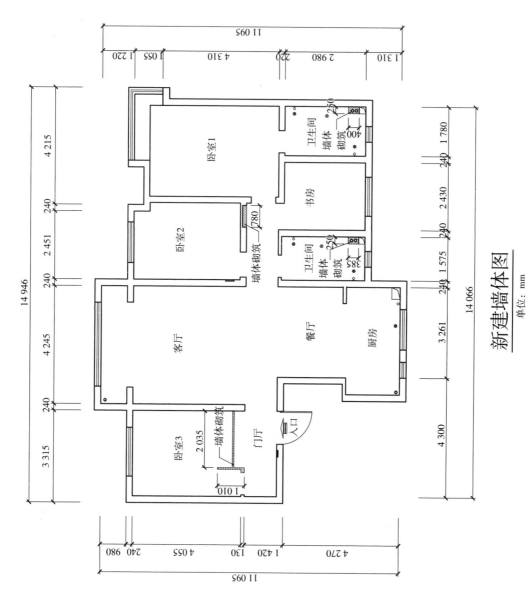

图 1-2-3　某住宅装饰装修设计新建墙体图示例

任务实操训练

一、任务内容

本任务以某住宅装饰装修项目为例,根据提供的户型原始平面图(图1-2-4)、平面布置图(图1-2-5),使用CAD软件完成墙体拆改平面图的设计与绘制。

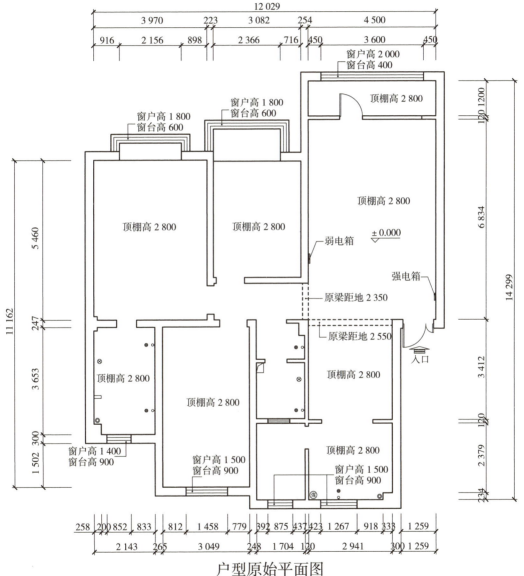

扫码查看图 1-2-4

图 1-2-4 户型原始平面图

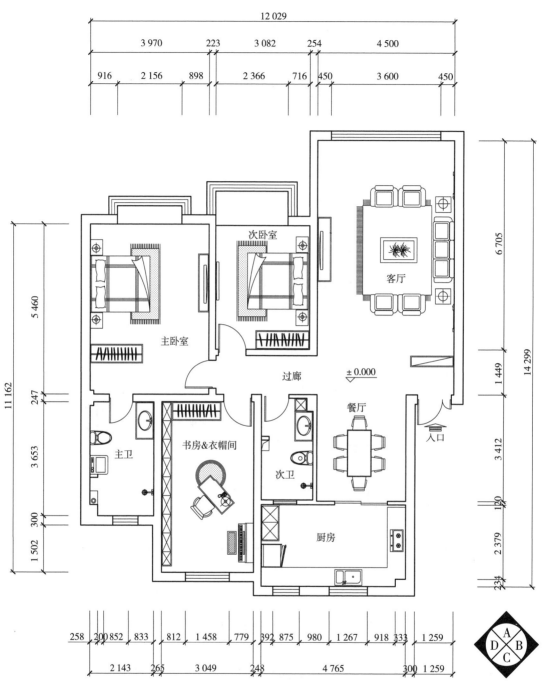

扫码查看图 1-2-5

平面布置图

单位：mm

图 1-2-5　平面布置图

二、任务要求

(1)掌握整理并完善原始平面图的方法。
(2)掌握墙体拆除图的图示内容及绘制方法。
(3)掌握墙体新建图的图示内容及绘制方法。
(4)掌握绘制墙体拆改平面图的规范要求。
(5)能够根据设计方案，熟练使用 CAD 软件绘制墙体拆改平面图。

任务三　客厅平面布置图设计与绘制

教学目标

掌握客厅空间的尺度要求及常用家具的尺寸；能够依据人体工程学及家具尺寸，基于设计方案，使用 CAD 软件绘制客厅平面布置图。

教学重点与难点

1. 客厅平面布置图的图示内容及图示方法。
2. 客厅的空间尺度要求及常用家具的尺寸。

专业知识学习

一、客厅的平面布置方式

客厅是人们日间的主要活动场所，平面布置应按会客、娱乐、学习等功能进行区域划分，功能区的划分与通道应避免干扰。客厅的家具布置应以宽敞为原则，通过家具的合理摆放有效利用空间。以我国人民的生活习惯来说，主要考虑沙发、茶几、椅子及视听柜等家具的排放。

客厅家具布置的核心是沙发与茶几组成的环形区域，客厅沙发的布置直接影响着空间的分隔和交通流线的组织。常见的布置形式主要有面对面形、一字形、L 形及 U 形四种。

(1)面对面形。面对面形的特点是灵活性较大，适用于各种面积的客厅。在视听方面较为不方便，需要人扭动头部进行观看，影响观感。

(2)一字形。一字形的特点是更适合小户型的客厅使用，小巧舒适，整体元素比较简单。

(3)L 形。L 形的特点是更适合大面积的客厅使用，可选择 L 形沙发，也可选择 3+2 或 3+1 的组合沙发。组合沙发更加灵活，具有多变性。

(4)U 形。U 形的特点是布置占地面积较大，更适合大面积的客厅，团坐的布置方式让家庭氛围更加亲近。

沙发与茶几的组合布置方式如图 1-3-1 所示。

在进行客厅家具布置时，首先要考虑电视背景墙和沙发背景墙的位置。沙发的位置设置主要考虑是否便于人在房间中通行，还需要考虑墙面的长度尺寸是否适合摆放沙发。常见的客厅平面布置形式如图 1-3-2～图 1-3-8 所示。

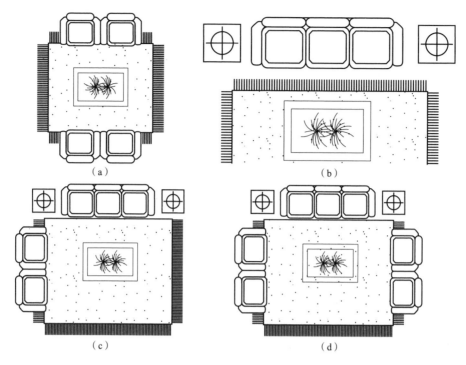

图 1-3-1　客厅沙发与茶几的组合布置

(a)面对面形组合布置；(b)一字形组合布置；(c)L形组合布置；(d)U形组合布置

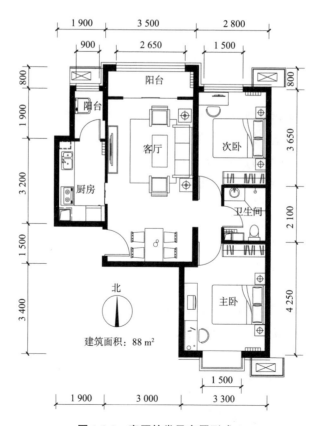

图 1-3-2　客厅的常见布置形式 1

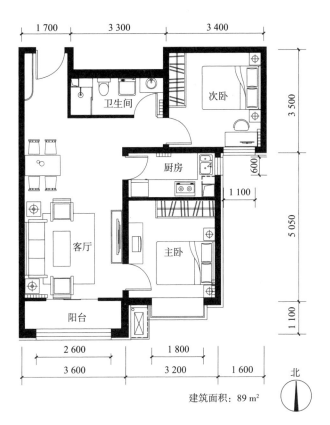

图 1-3-3　客厅的常见布置形式 2

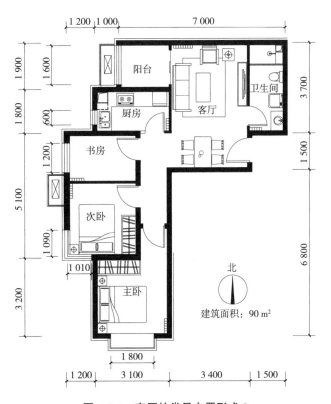

图 1-3-4　客厅的常见布置形式 3

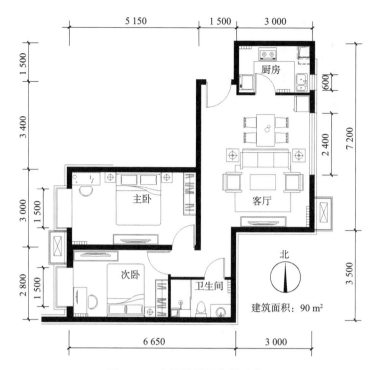

图 1-3-5　客厅的常见布置形式 4

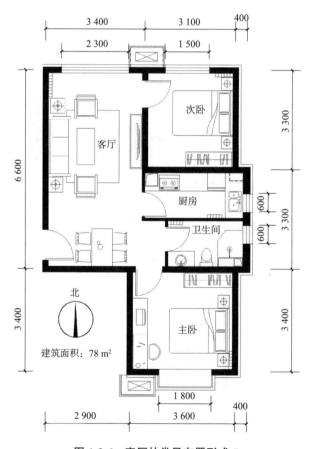

图 1-3-6　客厅的常见布置形式 5

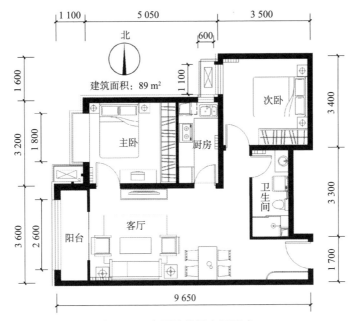

图 1-3-7　客厅的常见布置形式 6

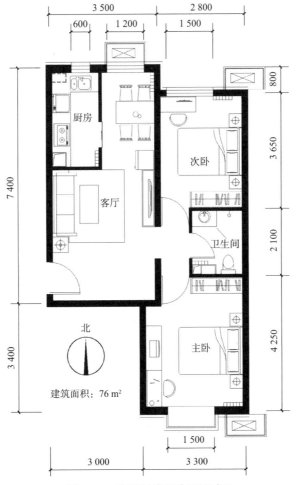

图 1-3-8　客厅的常见布置形式 7

二、客厅与其他空间的组合配置

客厅的空间可与另一个空间结合,可使用开放性、穿透性的处理手法让客厅的开阔性及延展性更强。客厅加入开放的阅读空间,会让空间更有机动性(图 1-3-9);加入吧台区域,则更适合好客的居住者使用(图 1-3-10)。

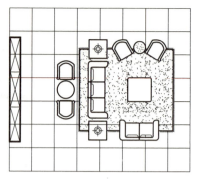

图 1-3-9　会客区与阅读区的组合

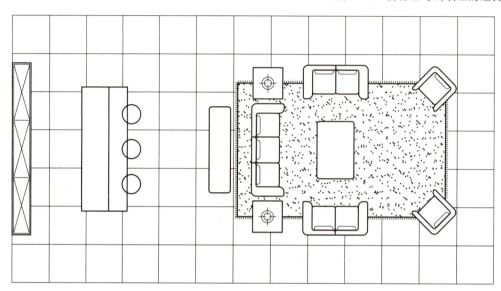

图 1-3-10　会客区与吧台区的组合

注:客厅中,书柜和座椅的距离中间最好足够容纳一个人蹲下取书和一人通行的距离,因此,最好留有 1 200 mm 的通行及活动距离。客厅与吧台区结合时要注意沙发椅背与吧台之间的距离,一般为 1 370 mm,同时,酒柜与吧台的间距一般为 760~910 mm。

三、客厅的空间尺度要求

家具的位置布置虽然重要,但是在进行布置时,更需要注意家具的尺寸及家具之间的距离是否满足人们通行、视听及陈列物品等方面的需求。

1. 客厅家具及通行距离尺寸

通行距离主要是为保障人们能够在家具间顺利行走,保证动线的流畅性,给居住者更好的居住体验。因此,通常为了满足居住者的需求,当正坐时,沙发与茶几之间的间距可以取 300 mm,但通常以 400~450 mm 为最佳标准(图 1-3-11)。在不可通行的拐角处布置沙发时,沙发左右可留出 400~600 mm 的距离来摆放边桌或绿植;在可通行的拐角处布置沙发时,通行宽度可根据人流数量来确定,单股人流通过按照 520 mm 计算,有搬运东西需要的通道,最好能够留出 800 mm 甚至 900 mm 以上的空间(图 1-3-12)。

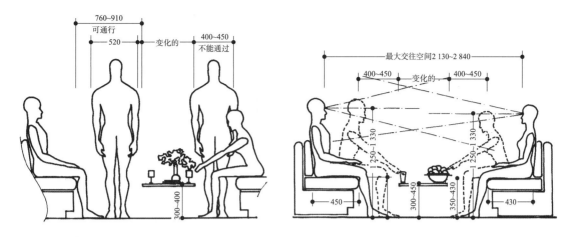

图 1-3-11 沙发与茶几间的通行尺寸及活动尺寸

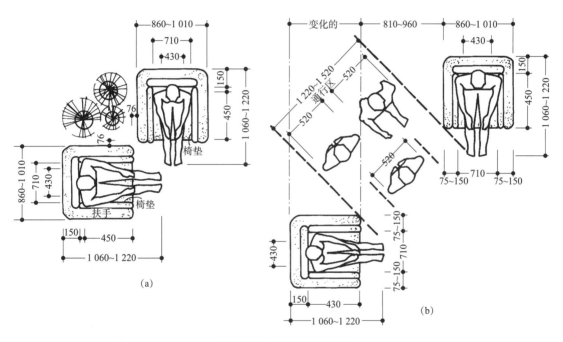

图 1-3-12 拐角处沙发布置

(a)不可通行的拐角处沙发布置；(b)可通行的拐角处沙发布置

2. 视听距离尺寸

看电视时，离得太近或太远都容易造成视觉疲劳。为保证良好的视听效果，沙发与电视的间距应根据电视的种类和屏幕尺寸来确定。通常，沙发的中心与电视的中心应在一条线上，方便居住者的观看。

随着科技快速发展，电视的显示技术日新月异，720 P 以内的电视已经基本被淘汰，现在已进入到 1 080 P、2 K、4 K 的高清时代，因而，在选择时也可依据新的公式计算，即

$$最大电视高度 = 视听距离 \div 1.5$$
$$最小电视高度 = 视听距离 \div 3$$

例如，55 英寸电视的画面高度约为 720 mm，最佳视听距离就是高度的 3 倍，即 2 160 mm，

如人坐在沙发上时的视线高度为 1 200 mm，那么电视画面中心高度应设置在 900～1 200 mm 的位置，55 英寸电视的画面中心最佳高度为 300～400 mm，而电视距地板以 540～840 mm 的高度为最佳(图 1-3-13)。

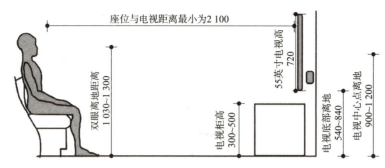

图 1-3-13　普通成年人的视听距离

3. 陈列距离尺寸

陈列高度是指在墙上或展台中陈列产品的高度，这个高度要符合人体的视觉角度。在客厅中的陈列物一般为装饰画或整面的展示柜，可根据居住者的展示物品，确定展示柜的隔层高度(图 1-3-14)。

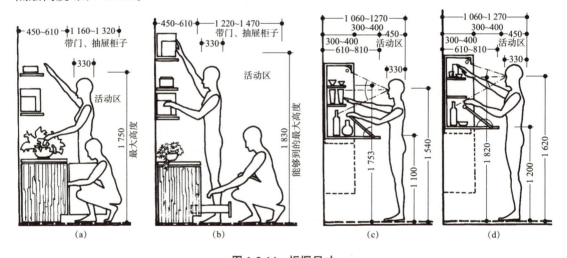

图 1-3-14　柜橱尺寸
(a)靠墙柜橱(女性)；(b)靠墙柜橱(男性)；(c)酒柜(女性)；(d)酒柜(男性)

一般男性视觉高度为 1 650 mm，女性视觉高度为 1 530 mm，参观者的视域一般在地面以上 900～2 500 mm，在这个高度区间陈列重点展品可以获得良好的效果。不同身高的观看距离范围如图 1-3-15 所示。距离地面 0～800 mm 可作为大型艺术品陈列区域。

四、客厅常用家具的平面图示方法

1. 沙发

(1)一般沙发：深度为 800～1 000 mm，深度超过 1 000 mm 的多为进口沙发，并不适合东方人使用。

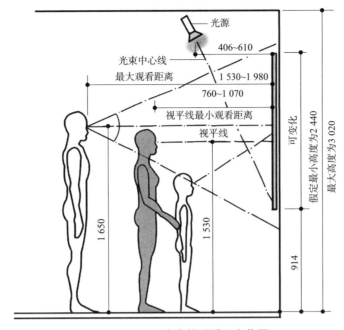

图 1-3-15　不同身高的观看距离范围

(2)单人座沙发：宽度为 800~1 000 mm[图 1-3-16(a)]。
(3)三人座沙发：宽度为 2 400~3 000 mm[图 1-3-16(b)]。
(4)双人座沙发：宽度为 1 500~2 000 mm[图 1-3-16(c)]。
(5)L形沙发：单座延长深度为 1 600~1 800 mm[图 1-3-16(d)]。

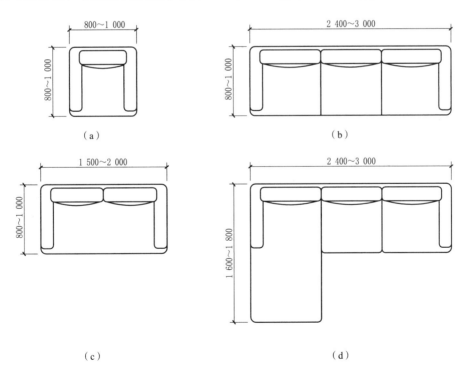

图 1-3-16　常用沙发的平面尺寸及平面图示方法
(a)单人座沙发；(b)三人座沙发；(c)双人座沙发；(d)L形沙发

2. 茶几

茶几的尺寸有很多种，如 450 mm×600 mm、500 mm×500 mm、900 mm×900 mm、1 200 mm×1 200 mm 等（图 1-3-17）。当客厅的沙发配置确定后，方可按照空间比例大小来决定茶几的形状并调整尺寸，这样不会让茶几在布置图上的比例过于奇怪。

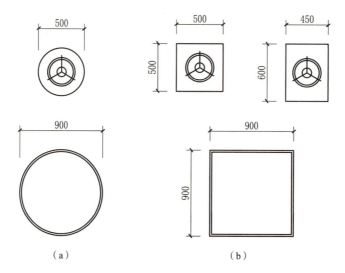

图 1-3-17　常见茶几的平面尺寸及平面图示方法
（a）圆形茶几；（b）方形茶几

3. 椅子

（1）因造型不同，椅子尺寸有很多种，一般宽度为 400～800 mm，深度为 370～800 mm。
（2）椅子图例可以因使用空间的位置不同、空间不同而采用不同样式的图例配置。
常见椅子的平面尺寸及平面图示方法如图 1-3-18 所示。

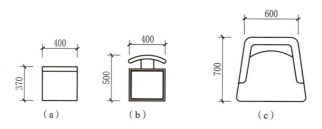

图 1-3-18　常见椅子的平面尺寸及平面图示方法
（a）普通座椅画法；（b）靠背椅画法；（c）沙发椅画法

任务实操训练

一、任务内容

本任务以某住宅装饰装修项目为例，根据提供的户型原始平面图（图 1-3-19），使用 CAD 软件完成客厅平面布置图的设计与绘制。

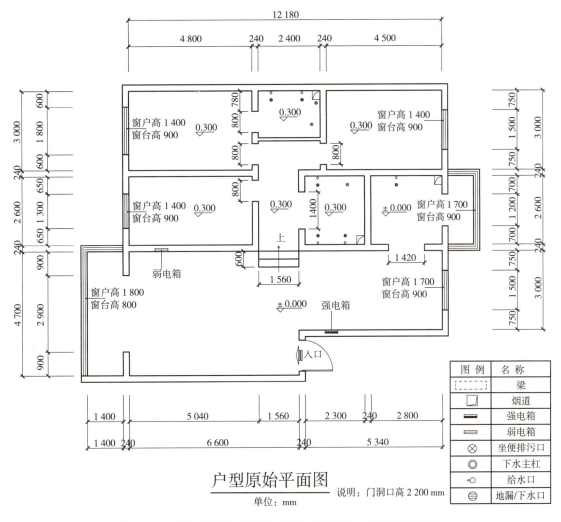

图 1-3-19　沈阳明华欣居园小区某住宅装饰设计户型原始平面图

二、任务要求

(1) 掌握客厅平面布置图中家具的布置方式。
(2) 掌握客厅的空间尺度要求及常见家具的尺寸。
(3) 掌握客厅平面布置图的图示内容及绘制方法。
(4) 能够根据设计方案,熟练使用 CAD 软件按照制图规范绘制客厅平面布置图。

扫码查看图 1-3-19

任务四　餐厅平面布置图设计与绘制

教学目标

掌握餐厅的设置方式与平面布置、餐厅空间的尺度要求及常用家具的尺寸;能够依据人体工程学及家具尺寸,基于设计方案,使用 CAD 软件绘制餐厅平面布置图。

教学重点与难点

1. 餐厅的设置方式与平面布置。
2. 餐厅的空间尺度要求及常用家具的尺寸。

专业知识学习

一、餐厅的设置方式与平面布置

1. 独立式餐厅

独立式餐厅是指有一个专门的空间设置成餐厅，因为空间相对独立，是较理想的格局。一般在房屋面积足够大，业主对用餐环境要求比较高且对用餐环境追求私密性的情况下设置(图1-4-1)。

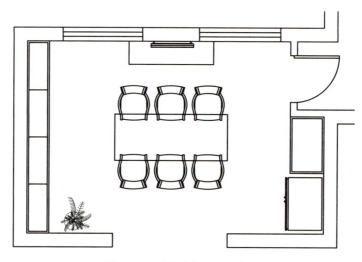

图1-4-1　独立式餐厅平面布置

2. 客厅兼餐厅

很多小户型住宅由于受面积限制，并没有独立的餐厅，一般会在玄关或客厅邻近厨房的一面划分出一个区域兼作餐厅。开放的餐厅与客厅结合，使得整体户型内动静分区更加明确。由于餐厅和客厅都是活动场所，布置在一起可以获得更宽敞的就餐体验，这两种空间的融合，丰富了餐厅的功能表现形式，同时，还增大了客厅面积。餐厅与客厅设置在同一个房间，为了与客厅在空间上有所分隔，可通过矮柜、组合柜或软装饰做半开放或封闭式的分隔。餐厅与客厅组合平面布置如图1-4-2所示。

这种设置方式由于客厅、餐厅共用一个整体大空间，所以，布局时应注意避免杂乱无章，以免破坏整体空间的秩序感。

注：方形餐桌与餐边柜共同组成餐厅空间，且与客厅相连接，同时用矮柜做半开放的分隔，保留一定的私密性。在餐厅与客厅结合设计时，需要在其中间预留足够地穿行空间，一般情况下可按单股人流计算，因而走道净尺寸应大于600 mm。

3. 厨房兼餐厅

厨房兼餐厅是指餐厅与厨房结合成一体，它具有能充分利用空间、上菜便捷的优点。餐厅与厨房组合平面布置如图 1-4-3 所示。

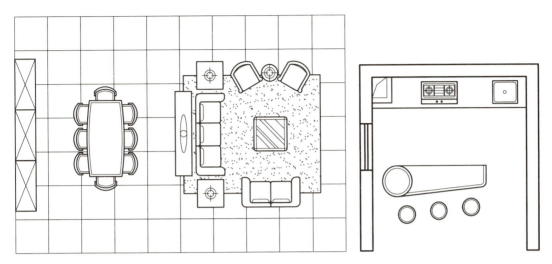

图 1-4-2　餐厅与客厅组合平面布置　　　　图 1-4-3　餐厅与厨房组合平面布置

注：餐厅和厨房合并布置是西方国家的一种布局手法，我国目前也较为流行。这种形式的优点是缩短了餐厅到厨房的动线，可以使家务的进行更加顺畅；缺点是烹调区域的油烟无法遮挡，进食时会受到影响。

4. 餐厅与客厅、厨房结合

餐厅与客厅结合的同时做开放式厨房，能让整体空间更加通透、明亮。这种布置形式将三个公共区域都结合起来，在户型缺少窗户的情况下，可以有效采光，保证空间的通透性。开放式的厨房更加适合常做西餐的家庭。中餐的油烟过大，可以通过设置移门等方式，有效阻隔油烟。

餐厅与客厅、厨房组合平面布置如图 1-4-4 所示。

二、餐厅的家具布置

餐厅的主要家具有餐桌、餐椅、餐饮柜等。

餐桌、餐椅是餐厅的核心家具，从形状上可分为圆形、椭圆形、正方形、长方形。应根据空间面积的大小选择合适形状、尺寸的餐桌、餐椅。

1. 平行对称式布置

平行对称式布置以餐桌为中线对称摆放，边柜等家具与餐桌、餐椅平行摆放，空间简洁、干净。适合长方形餐厅、方形餐厅、小面积餐厅及中面积餐厅使用[图 1-4-5(a)]。

2. 平行非对称式布置

效果较个性，能够预留出更多的交通空间，彰显宽敞感，适合长方形餐厅、小面积餐厅[图 1-4-5(b)]。

3. 围合式布置

效果较隆重、华丽，适合长方形餐厅、方形餐厅及大面积餐厅[图 1-4-5(c)]。

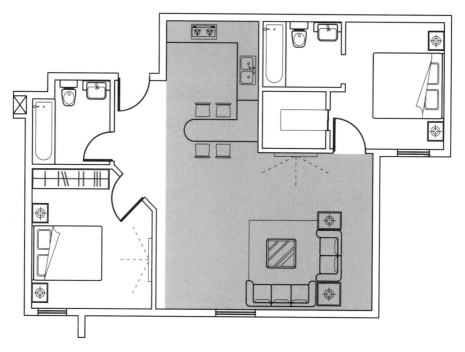

图 1-4-4　餐厅与客厅、厨房组合平面布置

4. L 形直角式布置

餐桌、餐椅放在中间位置，四周留出交通空间，柜子等家具靠一侧墙呈直角摆放，更具有设计感，适合面积较大、门窗不多的餐厅[图 1-4-5(d)]。

5. 一字形布置

一字形布置有两种方式：一种是餐桌长边直接靠墙，餐椅仅摆放在餐桌一侧，适合长方形餐桌；另一种是餐椅摆放在餐桌的两边，餐桌一侧靠墙，适合小方形餐桌。该布置方式适合面积较小的长方形餐厅[图 1-4-5(e)]。

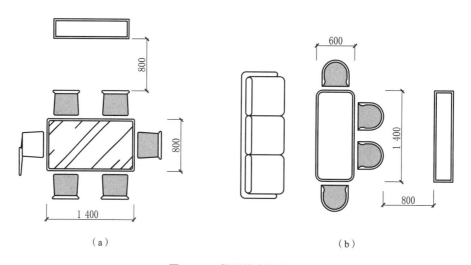

(a)　　　　　　　　　　　　(b)

图 1-4-5　餐厅的布置方式

(a)平行对称式布置；(b)平行非对称式布置

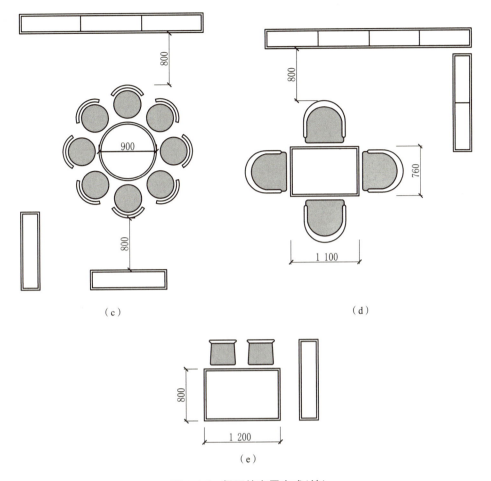

图 1-4-5 餐厅的布置方式(续)

(c)围合式布置；(d)L形直角式布置；(e)一字形布置

三、餐厅的空间尺度要求

餐厅中进餐使用的桌椅及与进餐功能相关的展示和收纳家具是餐厅的主要设施，餐厅中的家具主要根据餐厅面积和家庭人口数进行选择。一般来说，餐桌大小不超过整个餐厅的1/3。

餐厅中所布置的家具由于形状和使用方式的不同，对就餐行为也会带来很大的影响，如方桌和圆桌，大多数家庭会选用方形餐桌，其优点是比较方正，容易摆放。

餐桌的周围通常伴有餐边柜辅助收纳，设计时还应考虑人的来往、服务等活动所需的空间尺寸，例如，在布置餐边柜时要注意餐边柜与餐桌之间的拿取距离。

进餐的常见布置尺寸如图 1-4-6～图 1-4-10 所示。

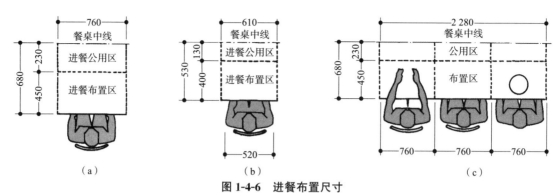

图 1-4-6　进餐布置尺寸
(a)最佳进餐布置尺寸；(b)最小进餐布置尺寸；(c)三人进餐布置尺寸

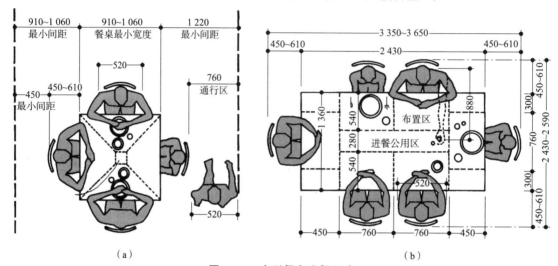

图 1-4-7　方形餐桌进餐尺寸
(a)四人用小方桌进餐尺寸；(b)六人用长方形餐桌进餐尺寸

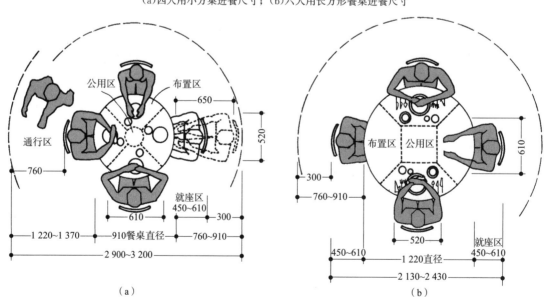

图 1-4-8　圆形餐桌进餐尺寸
(a)四人用小圆桌进餐尺寸；(b)四人用圆桌进餐尺寸

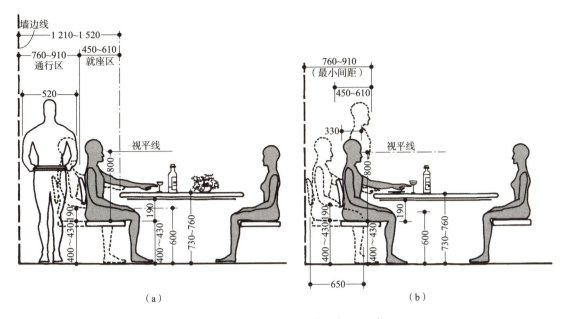

图 1-4-9　通行间距及就座区间距尺寸

(a)座椅后最小可通行间距；(b)最小就座区间距(不能通行)

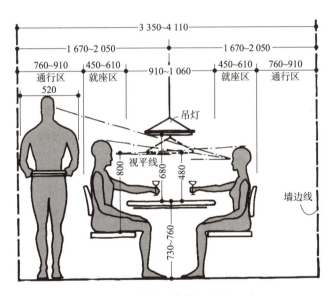

图 1-4-10　最小用餐单元宽度尺寸

任务实操训练

一、任务内容

本任务以某住宅装饰装修项目为例，根据提供的户型原始平面图(图 1-4-11)，使用 CAD 软件完成餐厅平面布置图的设计与绘制。

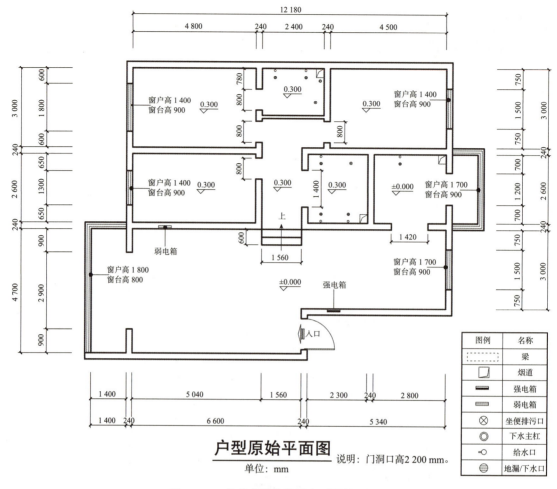

图 1-4-11　某住宅装饰设计户型原始平面图

扫码查看图 1-4-11

二、任务要求

（1）掌握餐厅平面布置图中家具的布置方式。
（2）掌握餐厅的空间尺度要求及常用家具的尺寸。
（3）掌握餐厅平面布置图的图示内容及绘制方法。
（4）能够根据设计方案，熟练使用 CAD 软件按照制图规范绘制餐厅平面布置图。

任务五　卧室平面布置图设计与绘制

教学目标

　　掌握卧室的布置原则与形式、卧室空间的尺度要求及常用家具的尺寸，能够依据人体工程学及家具尺寸，基于设计方案，使用 CAD 软件绘制卧室平面布置图。

教学重点与难点

1. 卧室的平面布置形式。
2. 卧室的空间尺度要求及常用家具的尺寸。

专业知识学习

一、卧室的平面布置方式

根据居住者和房间大小的不同，卧室内部可以有不同的功能分区，一般可分为睡眠区、更衣区、化妆区、休闲区、读写区、卫生区。

1. 卧室的布置原则与形式

（1）卧室的布局以床为中心，其他家具配合床进行布置，在设计时应首先确定床的类型与位置。各种卧室家具要靠墙摆放，这样能给卧室活动留有较大的空间。

（2）卧室双人床的布置尽可能使其三面临空，以保证从两边都方便上下床。

（3）床头不宜正对房门。若床头对着房门口，一方面从心理上会令人感到不安；另一方面从外面就可将床上情况一览无余，使卧室毫无私密性可言。

（4）床不宜摆在窗前，尤其床头不要放在窗户下面。因为窗户是一个气流和光线最强的地方，对睡眠影响很大，会让人产生不安全感。如遇大风、雷雨天气，这种感觉更是强烈。另外，窗户是通风的地方，人们在睡眠时稍有不慎就会感冒。

（5）床头后忌有空隙。床头需紧贴着墙或实物，不可有空隙。

（6）衣柜最好摆放在墙角，这样不引人注目，不要摆放在窗户或卧室门旁边，这样会遮挡光线。

（7）一般来说，床位的摆放宜与衣柜门平行，这样可以方便取放衣物。

（8）一些带卫生间的卧室，如果卫生间门正对床铺，可以利用衣柜进行阻隔。由于卫生间的下水管、马桶的气流很乱，加上过重的潮气，轻易使人们的健康受到影响。用衣柜进行阻隔，可以让卧室气场和谐，有利于平衡情绪。

图 1-5-1 所示为理想型、较理想型与不理想型的卧室空间布置方式的对比示例。

 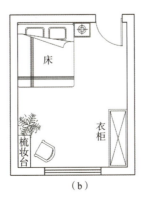 

（a）　　　　　　　　　　（b）　　　　　　　　　　（c）

图 1-5-1　卧室的空间布置

（a）理想的卧室空间布置；（b）较理想的卧室空间布置；（c）不理想的卧室空间布置

常见的卧室空间布局形式如图 1-5-2～图 1-5-5 所示。

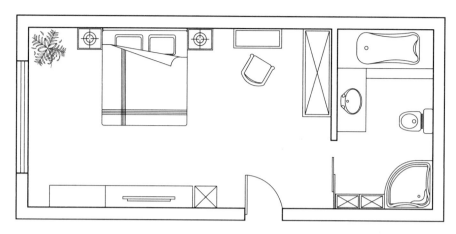

图 1-5-2　常见的卧室布置形式 1

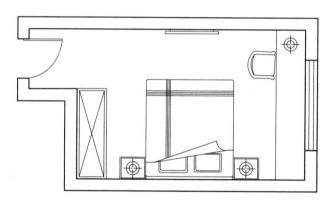

图 1-5-3　常见的卧室布置形式 2

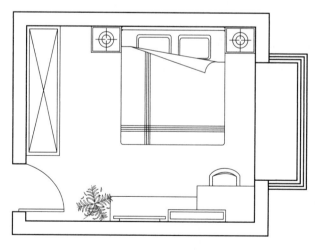

图 1-5-4　常见的卧室布置形式 3

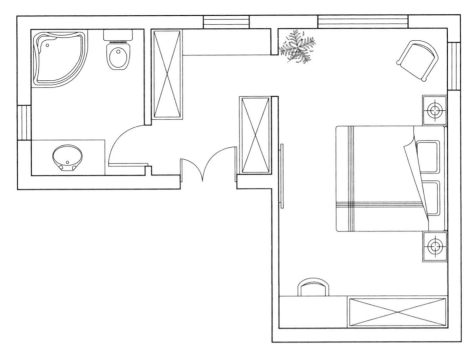

图 1-5-5　常见的卧室布置形式 4

2. 卧室家具的组合方式

(1)围合式(图 1-5-6)。床与柜子侧面或正面平行,适用于长方形卧室、方形卧室、小面积卧室及中面积卧室。

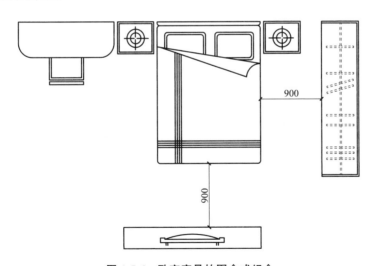

图 1-5-6　卧室家具的围合式组合

(2)C字形(图 1-5-7)。能充分地利用空间,满足单人的生活、学习需要。适用于青少年、单身人士房间或兼作书房的房间内,通常使用在长方形卧室、方形卧室及小面积卧室。

(3)工字形(图1-5-8)。床两侧摆放床头柜、学习桌或梳妆台；衣柜或收纳柜摆放在床头对面的墙壁一侧，与床头平行，适用于长方形卧室、方形卧室、小面积卧室及中面积卧室。

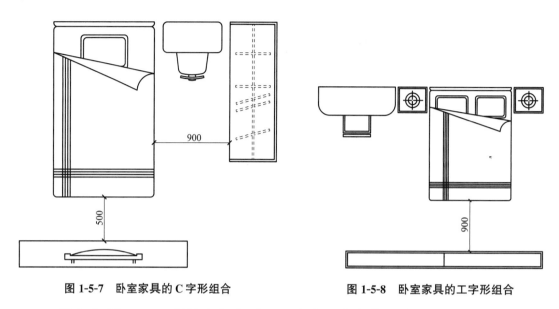

图 1-5-7　卧室家具的 C 字形组合　　　　图 1-5-8　卧室家具的工字形组合

(4)混合式(图1-5-9)。根据需求可以加入衣帽间、书房等区域，适用于长方形卧室及大面积卧室。

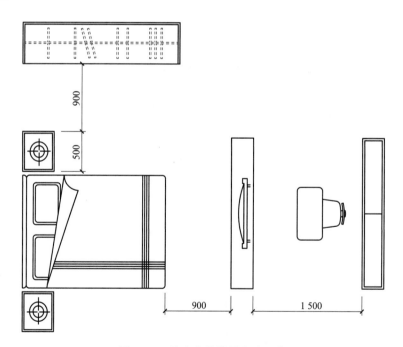

图 1-5-9　卧室家具的混合式组合

二、卧室的空间尺度要求

床、床头柜、衣柜、梳妆台是卧室的主要家具，设计中应根据不同卧室的面积大小选择合适的尺寸。除此之外，卧室的设计也应考虑人的来往活动、清扫服务等活动所需的空间活动尺寸。

我们要根据睡眠人数合理地选择床的大小，1人用选择单人床，如图1-5-10(a)所示；2人或3人（含幼儿）用选择双人床，如图1-5-10(b)所示；可以选择不同高度的床，一般木床高度为445 mm，矮床高度为310 mm等。

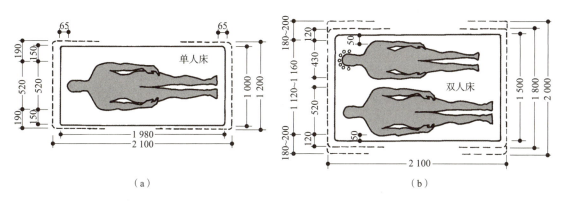

图 1-5-10　卧室床尺寸

(a)单人床尺寸；(b)双人床尺寸

床在整个卧室中的占比是最大的，最佳的摆放空间：距离床的两侧至少要预留出500 mm的距离，方便行走，如图1-5-11、图1-5-12所示。另外，也要考虑在家中做家务时的空间活动尺寸，如图1-5-13～图1-5-16所示。

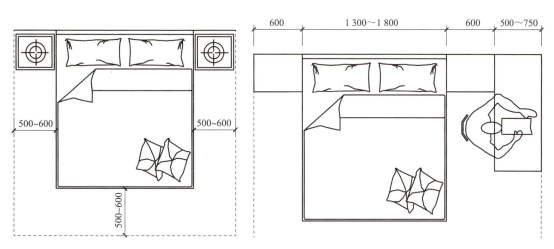

图 1-5-11　床两侧的行走间距　　　　图 1-5-12　床与床头柜的位置关系

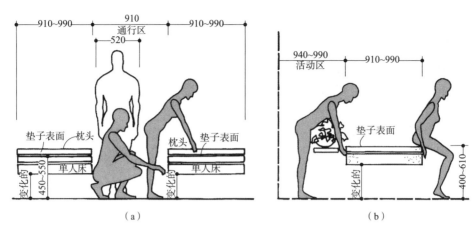

图 1-5-13　床间距尺寸
(a)双床房间床间距；(b)单床房间床与墙的间距

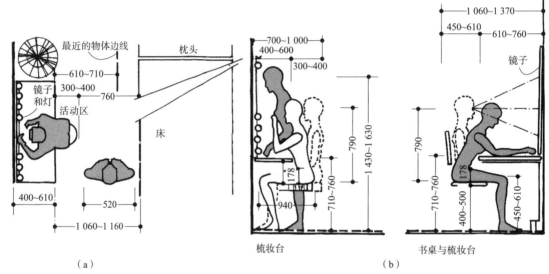

图 1-5-14　书桌与梳妆台空间活动尺寸
(a)床与梳妆台的间距；(b)书桌与梳妆台空间活动尺寸

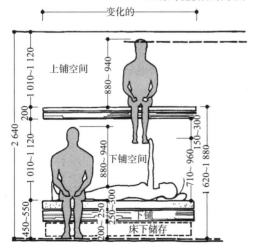

图 1-5-15　成人用双层床空间尺寸

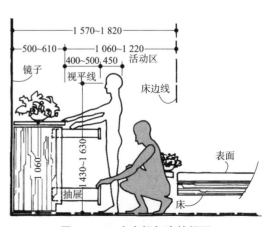

图 1-5-16　小衣柜与床的间距

步入式衣帽间的平面布局通常有三种方式，分别为二字形、U形、L形（图1-5-17）。相对来说，U形布局容纳的衣物更多，但是转角处的位置不方便拿取，可以设置转角式拉篮，方便收纳和取出物品。

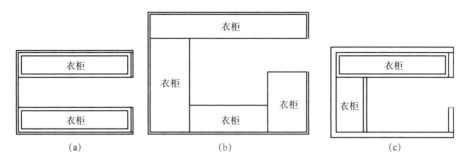

图 1-5-17　步入式衣帽间的平面布局
(a)二字形；(b)U字形；(c)L形

步入式衣帽间及壁橱空间活动尺寸如图1-5-18所示。

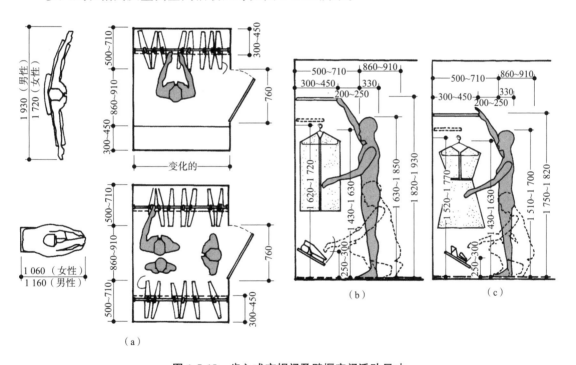

图 1-5-18　步入式衣帽间及壁橱空间活动尺寸
(a)小型存衣间尺寸；(b)男性使用的壁橱尺寸；(c)女性使用的壁橱尺寸

儿童房若只放置一张单人床，则可只在一侧预留出400～500 mm的距离，节省空间面积。若为二孩儿童房，需放置两张睡床，则两床之间至少要留出500 mm的距离，方便两人行走（图1-5-19）。

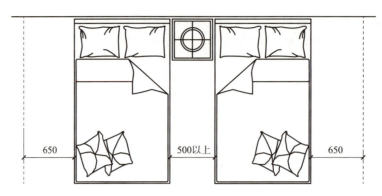

图 1-5-19　儿童房放置两张睡床的布置尺寸

三、卧室常用家具的平面图示方法

1. 床

成人床的长度尺寸一般为 2 000~2 100 mm，单人床宽度尺寸一般为 1 000 mm 或 1 200 mm，双人床宽度尺寸一般为 1 500 mm 或 1 800 mm 或 2 000 mm，以 1 800 mm 或 2 000 mm 宽最为常见。床的平面图示方法如图 1-5-20 所示。

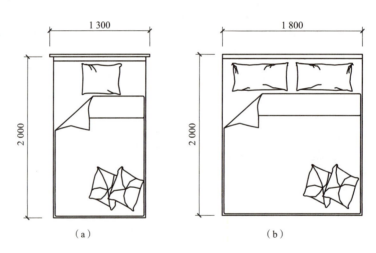

图 1-5-20　床的平面图示方法
(a)单人床；(b)双人床

2. 衣橱

现今衣橱多为定制，衣橱的长度尺寸是可变化的，一般视房间的大小而定，不做固定的规范要求。

衣橱的深度尺寸设计要考虑三点：一是需要考虑适合悬挂衣物；二是美观上要考虑没有违和感；三是需要考虑衣橱门的类型。不同类型衣橱的常见深度尺寸如下：

(1)无门衣橱大都使用在衣帽间，衣橱深度尺寸为 500~550 mm[图 1-5-21(a)]。

(2)推拉门衣橱因需加装 80~100 mm 宽的推拉门滑轨，总体深度一般为 600~700 mm [图 1-5-21(b)]。

(3)平开门衣橱深度尺寸一般为550～600 mm[图1-5-21(c)]。

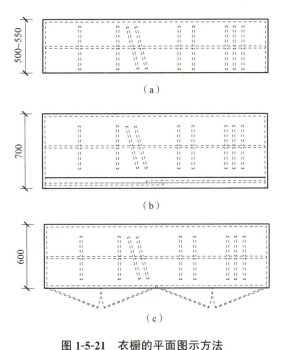

图 1-5-21 衣橱的平面图示方法
(a)无门衣橱；(b)推拉门衣橱；(c)平开门衣橱

任务实操训练

一、任务内容

本任务以某住宅装饰装修项目为例，根据提供的户型原始平面图(图 1-5-22)，使用CAD软件完成卧室平面布置图的设计与绘制。

二、任务要求

(1)掌握卧室平面布置图中家具的布置方式。
(2)掌握卧室的空间尺度要求及常见家具的尺寸。
(3)掌握卧室平面布置图的图示内容及绘制方法。
(4)能够根据设计方案，熟练使用CAD软件按照制图规范绘制卧室平面布置图。

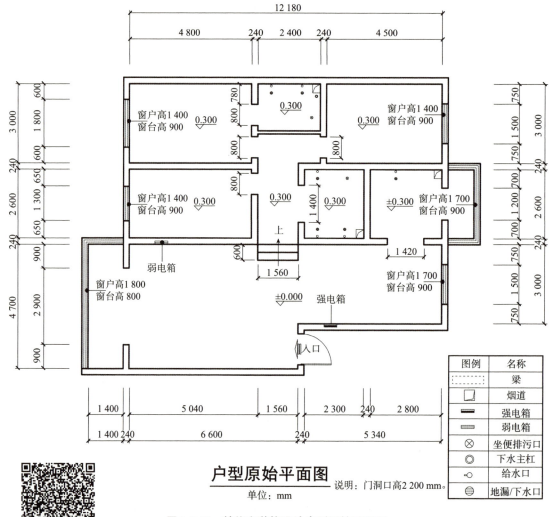

图 1-5-22　某住宅装饰设计户型原始平面图

扫码查看图 1-5-22

任务六　书房平面布置图设计与绘制

教学目标

掌握书房的布置原则与形式、书房空间的尺度要求及常用家具的尺寸；能够依据人体工程学及家具尺寸，基于设计方案，使用 CAD 软件绘制卧室平面布置图。

教学重点与难点

1. 书房的平面布置形式。
2. 书房的空间尺度要求及常用家具的尺寸。

专业知识学习

一、书房的平面布置方式

1. 书房的布置原则与形式

（1）书房空间可分为工作区、交流区、储物区等部分。为了满足书房内各种活动的需要，应根据不同家具的作用巧妙、合理地划分出不同的空间区域，形成布局紧凑、主次分明的格局。

（2）书房工作（阅读）区是空间功能的重点，为避免人流和交通的影响，尽量布置在书房空间的尽端。书房工作区以书桌椅为主要家具，书桌的摆放位置与窗户位置有很大关系，一要考虑光线的角度，以侧面采光为宜，一般不会选择正对靠近窗户或背对靠近窗户摆放；二要考虑避免阳光直射造成计算机屏幕的眩光。一般书桌摆放会避免靠近窗户，因为变化极大的天光容易对阅读、书写带来不利的影响。

（3）书房的工作区和储物（藏书）区域的联系一定要便捷，要便于取放书籍等物品，而且储物区域要有较大的展示面，以便查阅，一般以书架的形式靠墙布置。但要注意防尘，特殊书籍还要注意避免阳光直射。书架与书桌可以平行布置，也可以垂直摆放，或书桌与书架的两端、中部相连，结合为一体。具体布置形式应根据不同的空间面积大小和空间环境而定。

（4）有的书房还设置休息和谈话的交流区，一般由沙发、茶几围合摆放而成。

（5）书房的布局需要根据使用者的职业和习惯而定，专业性较强的工作会直接影响书房的布局形式，如画家需要画室、音乐家需要琴房。

常见的较理想的书房布局如图1-6-1所示，不理想的书房布局如图1-6-2所示。

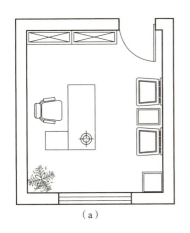
（a）

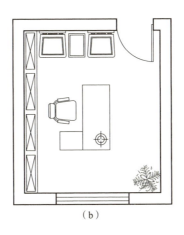
（b）

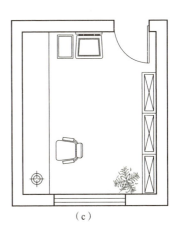
（c）

图1-6-1 理想的书房布局
(a)主座位背靠实墙；(b)主座位背靠书架；(c)主座位侧面采光

2. 书房家具的组合方式

书房通常是由桌椅与书架组成的，只要保证书房能够容纳业主的书籍，并有一定的办公或阅读区域即可。书房与卧室同属于静的空间，通常会被安排在与卧室较近的位置进行排布。

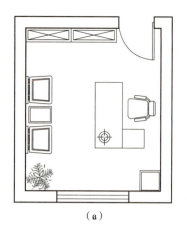  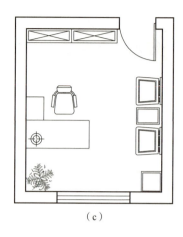

图 1-6-2　不理想的书房布局

(a)主座位正对房门；(b)主座位背靠窗户式；(c)主座位背对房门式

(1)L 形组合(图 1-6-3)。L 形组合中间预留空间较大，书桌对面可摆放沙发等休闲家具，适用于长方形书房及小面积书房。

(2)平行式组合(图 1-6-4)。平行式组合存在插座网络插口的设置问题，可以考虑使用地插，但位置不要设计在座位边，尽量放在脚不易碰到的地方，适用于长方形书房、小面积书房及中面积书房。

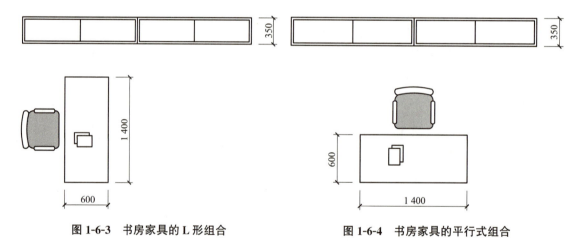

图 1-6-3　书房家具的 L 形组合　　　图 1-6-4　书房家具的平行式组合

(3)T 形组合(图 1-6-5)。T 形组合书柜放在侧面墙壁上，占满墙壁或使之半满，适合藏书较多、开间较窄的书房及长方形书房和小面积书房。

(4)U 形组合(图 1-6-6)。U 形组合书柜使用较方便，但占地面积大，适用于长方形书房、方形书房及大面积书房。

二、书房与其他空间的组合配置

在空间有限的情况下，书房无法作为单独的空间，但可作为主要功能空间的附带区域去布置，或者将书房作为多功能空间，一室多用，如兼具茶室等功能。

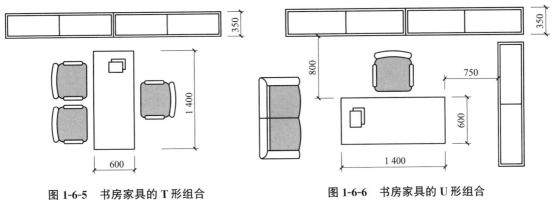

图 1-6-5　书房家具的 T 形组合　　　　　图 1-6-6　书房家具的 U 形组合

1. 书房与客厅组合

书房与客厅组合既有足够的办公或阅读空间，同时还节省空间。但是客厅会稍吵一些，如果需要更安静的空间，将书房和卧室结合使用会更符合居住者的要求。书房与客厅组合平面布置如图 1-6-7 所示。

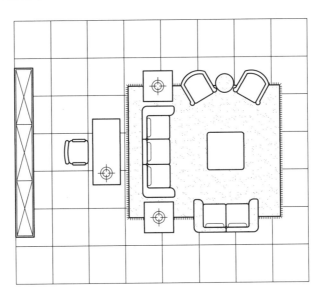

图 1-6-7　书房与客厅组合平面布置

2. 书房与卧室组合

书房与卧室组合，用窗帘作为软隔断，既能有效地隔绝视线，又保证了空间的通透性。同时，卧室较为安静，更适合办公等需要沉静下来的行为。书房与卧室组合平面布置如图 1-6-8 所示。

3. 书房与阳台组合

书房与阳台组合，中间用推拉门进行分隔，既可做两个单独空间，又可从阳台区域得到自然采光。书房与阳台组合平面布置如图 1-6-9 所示。

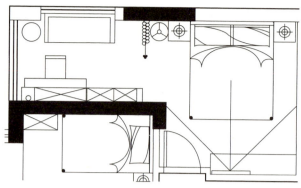

图 1-6-8　书房与卧室组合平面布置

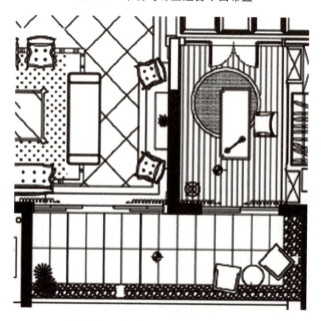

图 1-6-9　书房与阳台组合平面布置

三、书房的空间尺度要求

书房的动线相较其他空间来说更为简单，需要重点注意的主要是书桌与书柜的距离，以及针对不同需求的居住者的桌椅的尺寸。

1. 人与桌椅的尺寸关系

人在桌椅上的基本活动范围决定了书桌的尺寸，最少需要 900 mm×500 mm 的桌子，实际设计时可以综合考虑居住者的使用需求及书房空间的尺寸，再选择合适的书桌大小。人与书桌的尺寸关系如图 1-6-10 所示。

2. 书房常用家具尺寸

正确的桌椅高度应该能使人在就座时保持两个基本垂直：一是当两脚平放在地面时，大腿与小腿能够基本垂直，这时，座面前沿不会对大腿下平面形成压迫；二是当两臂自然下垂时，上臂与小臂基本垂直，这时桌面高度应该刚好与小臂下平面接触，这样就可以使人保持舒适的坐姿。

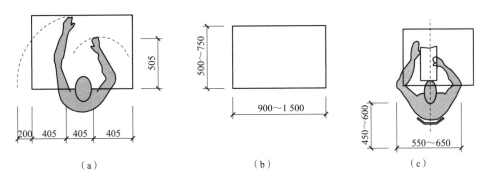

图 1-6-10　人与书桌的尺寸关系
(a)双手使用最小范围；(b)书桌的最佳尺寸范围；(c)座椅的活动范围

(1)书桌的尺寸：
1)书桌的深度宜为 450 mm、600 mm、700 mm、800 mm，推荐尺寸为 600 mm。
2)书桌的长度宜≥900 mm，1 500～1 800 mm 为最佳。
3)书桌的高度宜为 730～760 mm，推荐尺寸为 750 mm。
(2)书柜的尺寸：
1)书柜的深度宜为 250 mm、300 mm、350 mm、400 mm，推荐尺寸为 300～350 mm。
2)书柜的高度宜为 1 800～2 200 mm，推荐尺寸为 2 000 mm。
3)书柜的长度不限，一般根据房间大小而定，最短不宜小于 900 mm。
常用书桌及书柜基本尺寸如图 1-6-11～图 1-6-14 所示。

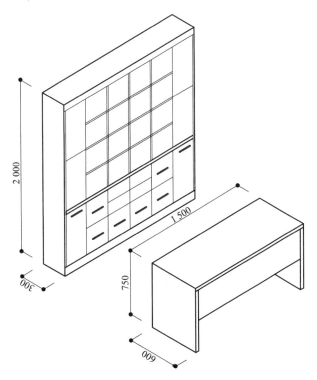

图 1-6-11　常用书桌及书柜基本尺寸

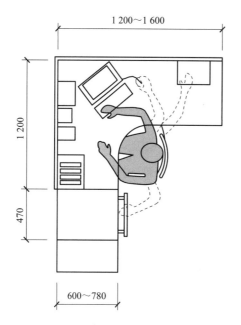
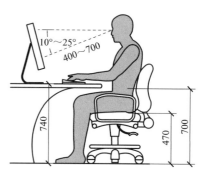

图 1-6-12　电脑桌的常用平面尺寸　　　　图 1-6-13　电脑桌的常用立面尺寸

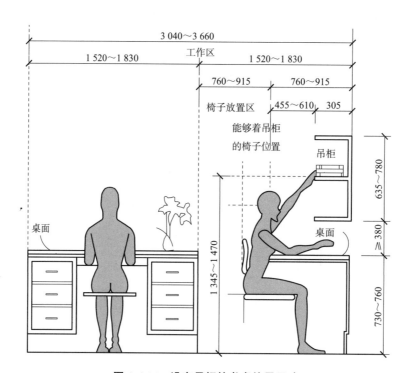

图 1-6-14　设有吊柜的书桌使用尺寸

3. 书房行为活动所需空间尺寸

书房行为活动所需的空间尺寸如图 1-6-15～图 1-6-17 所示。

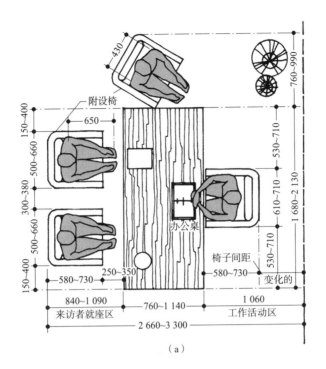

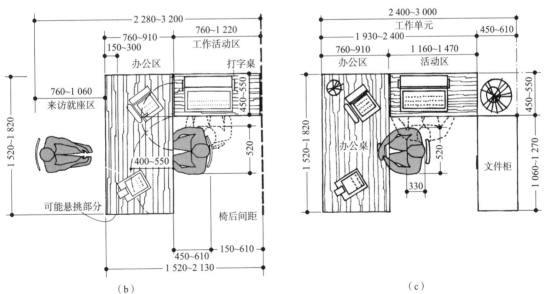

图 1-6-15　书桌布置所需的空间尺寸

(a)基本的 I 形布置尺寸；(b)基本的 L 形布置尺寸；(c)基本的 U 形布置尺寸

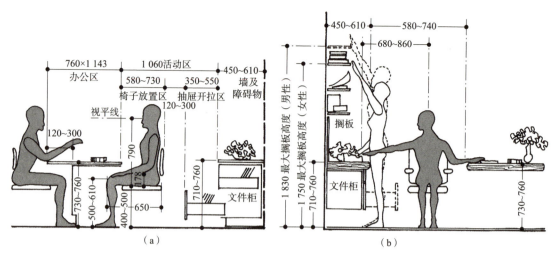

图 1-6-16　办公桌活动空间间距尺寸 1

(a)办公桌主要间距；(b)办公桌文件柜布置

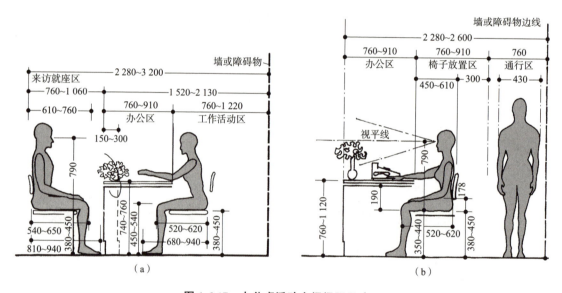

图 1-6-17　办公桌活动空间间距尺寸 2

(a)基本工作单元布置；(b)可通行的基本工作单元

任务实操训练

一、任务内容

本任务以某住宅装饰装修项目为例，根据提供的户型原始平面图(图 1-6-18)，使用 CAD 软件完成书房平面布置图的设计与绘制。

二、任务要求

(1)掌握书房平面布置图中家具的布置方式。

(2)掌握书房的空间尺度要求及常见家具的尺寸。
(3)掌握书房平面布置图的图示内容及绘制方法。
(4)能够根据设计方案,熟练使用CAD软件按照制图规范绘制书房平面布置图。

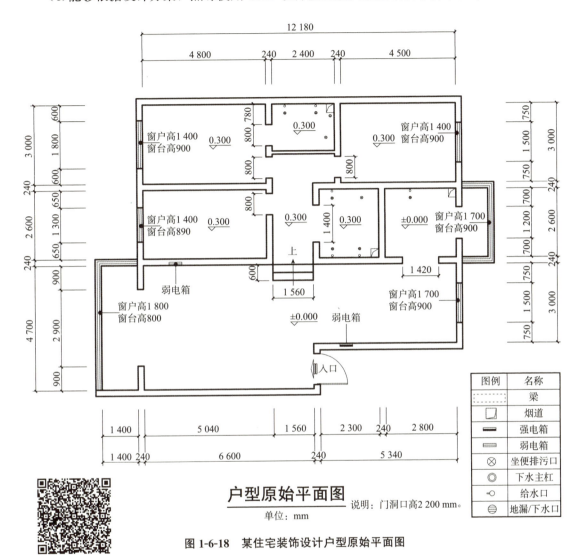

扫码查看图1-6-18

图1-6-18 某住宅装饰设计户型原始平面图

任务七 厨房平面布置图设计与绘制

教学目标

掌握厨房的布置原则与形式、厨房空间的尺度要求及常用家具的尺寸;能够依据人体工程学及家具尺寸,基于设计方案,使用CAD软件绘制厨房平面布置图。

> **教学重点与难点**

1. 厨房的平面布置形式。
2. 厨房的空间尺度要求及常用家具的尺寸。

> **专业知识学习**

一、厨房的平面布置方式

厨房是家庭生活中进行烹饪操作的环境，家事活动较为集中且功能比较复杂。因为厨房的设计密切关系到家庭的生活质量，所以现代人们越来越重视厨房设计的重要性。在布置厨房时，既要美观，又要方便实用，还要便于操作。

1. 厨房的布置原则

（1）应有足够的空间，满足基本炊事家务活动的需求。在厨房内，要进行食品、餐具的洗涤，食物的配切，餐具的搁置，熟食的周转，其最小空间尺度应得到相应的满足。

（2）满足最低储物空间。从生活实际出发，现代家庭对柴米油盐等生活必需品都有一定的储备，特别是多成员的家庭，因时间关系储量一般会多些，同时，各种烹饪器皿也需要一定的存放空间。

（3）满足厨房家具、设备的安装空间。住宅厨房的家具、设备包括灶台、操作台、洗涤池、储物柜，另外，还有冰箱等家电，应考虑设备安装、摆放的空间。不同品牌厂家的设备也常有尺寸差异，设计师应结合购置家电设备的实际尺寸统一考虑。

（4）应统筹考虑热水供应及管线布置。因燃气热水器、电热水器即开即用的优点和燃气管道的普及，多数家庭采用热水器作为热水供应设备。在使用安装时，应结合卫生间统一考虑布置管线，方便施工和日后使用。

（5）操作流程布置应符合"省力工作三角区"原则。根据效率专家的研究，操作者在厨房的三个点——水池、炉灶和冰箱之间来往最多，这三者之间的连线称为工作三角区。因为这三个功能通常要相互配合，所以要安置在最合适的距离内以节省时间、人力。这三边之和宜为 3.60～6.71 m，过长或过短都将降低厨房的作业效率。总长在 4.50～6.00 m 时效率最高。基于这个原则，同时考虑到水池和炉灶间往返最频繁，距离在 1.20～1.80 m 较为合理，冰箱与炉灶间距离以 1.20～2.70 m 较为恰当，而冰箱与水池的距离在 1.20～2.10 m 较好。另外，厨房交通道应尽量避开工作三角区，使作业线少受干扰。三个主要工作区域之间的总距离＝A＋B＋C，最大距离为 6.71 m，最小距离为 3.66 m，如图 1-7-1 所示。

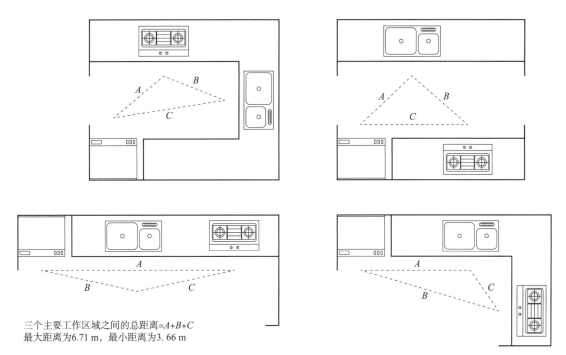

三个主要工作区域之间的总距离=A+B+C
最大距离为6.71 m,最小距离为3.66 m

图 1-7-1　厨房省力工作三角区

2. 厨房的基本布局形式

橱柜是厨房中的主要家具设施，占据厨房的大部分空间，厨房的布局主要涉及的内容是橱柜的布置形式及常用电器和烹调器具的摆放位置。

(1)一字形厨房布局(图 1-7-2)。一字形厨房又称单排厨房，是指把橱柜家具顺墙长度方向单面布置。这种厨房一般面积不大，橱柜设计比较简单，只要按照工作流程设计出储藏区、准备区、烹饪区即可。采用这种布置方式时，要注意避免把"单排橱柜"设计得太长，过长的作业线不利于烹调操作。单排厨房的净宽度尺寸推荐大于 1 600 mm，净长度尺寸推荐大于 3 000 mm。一字形厨房结构简单明了，节省空间面积，适合小户型家庭。

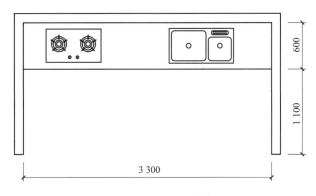

图 1-7-2　一字形厨房布局

(2)走廊式厨房布局(图 1-7-3)。走廊式厨房又称双排厨房，是指把橱柜家具顺墙长度方向双面布置。对于狭长房间来讲，这是一种实用的布置方式，这种格局多用在厨房有两个对门的空间。两排橱柜能有效地提高存储空间，两排橱柜之间的距离不小于 900 mm。双排厨房的净宽度尺寸推荐大于 2 200 mm，净长度尺寸推荐大于 2 700 mm。走廊式厨房布局动线比较紧凑，可以减少来回穿梭的次数。

(3)L 形厨房布局(图 1-7-4)。L 形厨房是把橱柜家具和设备在两面相邻墙上连续布置，呈现 L 形布置形式。L 形布置作业面较大，操作线短，空间利用比较合理，节省空间面积，实用便捷，是设计中最常用的形式，但是具有一定的局限性，两面墙的长度至少需要 1.5 m。L 形厨房的净宽度尺寸推荐大于 1 600 mm，净长度尺寸推荐大于 2 700 mm。L 形厨房布置应注意控制长度和宽度的比例关系，当 L 形厨房的墙过长时，厨房使用起来会不够紧凑，影响操作。

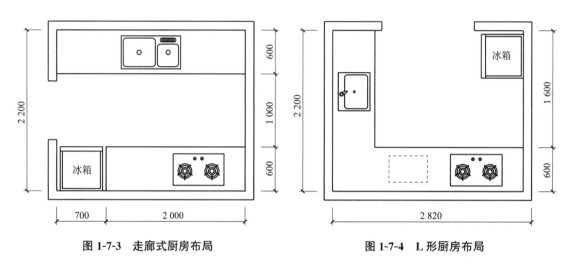

图 1-7-3　走廊式厨房布局　　　　图 1-7-4　L 形厨房布局

(4)U 形厨房布局(图 1-7-5)。U 形厨房是指橱柜在厨房中以 U 形平面方式布置，适用于对活动区域要求很高且房间面积较大的厨房。U 形厨房能很好地实现分区处理，可以将厨房各个不同功能都依据不同的特点安排在这个 U 形橱柜之内，满足"洗、切、炒、存"的合理流线安排。U 形厨房的净宽度尺寸推荐大于 2 200 mm，净长度尺寸推荐大于 2 700 mm，最好不要超过 3 000 mm，两排厨柜之间的距离以 1 200～1 500 mm 为佳。该形式需要空间面积 $\geqslant 4.6 \text{ m}^2$。

(5)岛屿式厨房布局(图 1-7-6、图 1-7-7)。岛屿式厨房布局空间开阔，中间设置的岛台具备更多使用功能，但是需要的空间面积较大，是开放式大厨房的理想安排形式，岛柜分离出独立的操作台面，能使房间具有延伸感。这样的处理方式很具有亲和力。

岛台是指独立的台面兼具吧台、简餐台面功能，并可以处理洗、切、备料的工作。具有岛台配置的厨房空间采用开放式厨房造型居多，同时与餐厅空间结合，使厨房具有更大的发挥空间及互动关系。岛台的设计需要注意以下几点：

1)岛台与橱柜的距离不得小于 900 mm，也不宜大于 1 200 mm。

2)岛台长度尺寸至少为 1 500 mm 才能更好利用，但不宜大于 2 500 mm。

3)岛台深度尺寸应为 800～1 200 mm。

4)当岛台用来当吧台或餐桌时，要处理好椅子的位置，需要在伸出脚时有容纳之处。

厨房的宽度及纵深会影响岛台的造型设计配置，根据个人使用需求及习惯因素，能延展出不同的岛台造型。不同岛台造型的尺寸如图 1-7-8 所示。

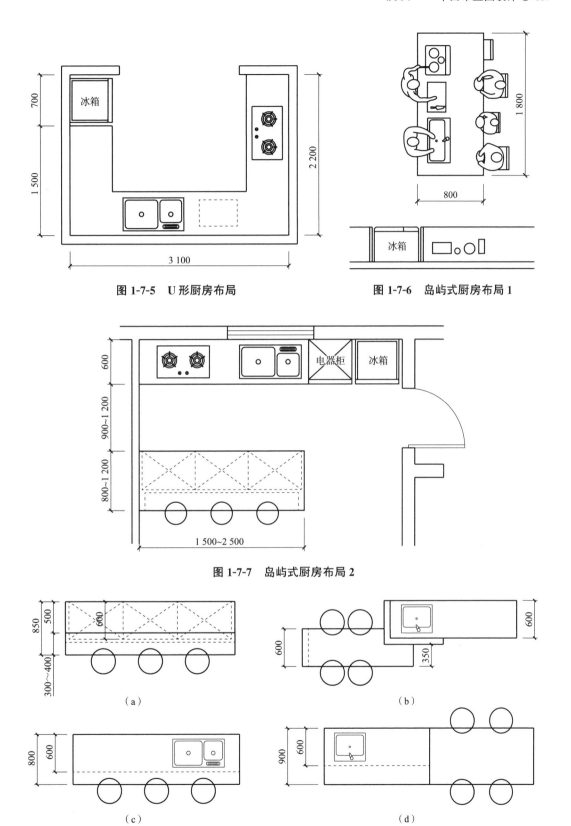

图 1-7-5　U 形厨房布局

图 1-7-6　岛屿式厨房布局 1

图 1-7-7　岛屿式厨房布局 2

图 1-7-8　不同岛台造型的尺寸

(a)带吊柜的岛台造型；(b)与吧台相连的岛台造型；(c)带洗菜池的岛台造型；(d)带洗菜池并与吧台相连的岛台造型

多功能的岛台很受大众的喜爱。不同形式的橱柜与岛台共同布置的厨房空间，可以兼具部分接待的功能，使厨房具有更丰富的操作空间的同时也增加了多功能性。常见的半岛式和孤岛式等都是基于一字形橱柜、L形橱柜、走廊式橱柜等基本形式的变化组合。

1)一字形橱柜＋岛台，形成回字形动线，增加操作台的面积，而且转身即可拿取物品，对居住者来说方便又快捷(图 1-7-9)。

2)L形橱柜＋岛台，能够有效地利用中间的空间，增加空间的利用率(图 1-7-10)。

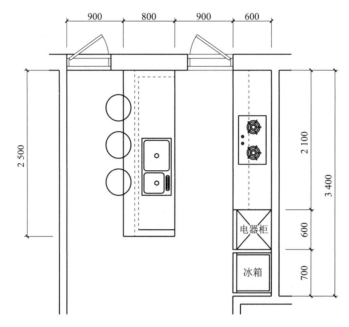

图 1-7-9　一字形橱柜＋岛台

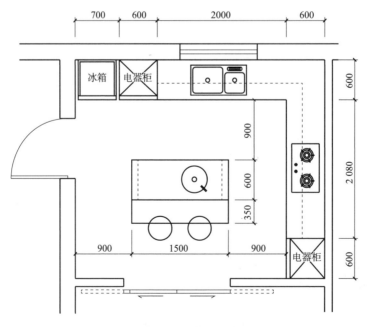

图 1-7-10　L形橱柜＋岛台

3)走廊式橱柜+岛台，形成U形动线，动线流畅，且增加了储物空间，拿取物品更便捷（图1-7-11）。

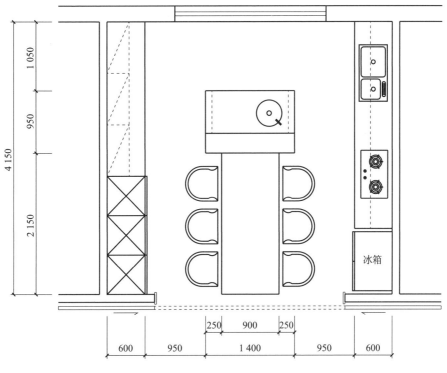

图 1-7-11　走廊式橱柜+岛台

4)双厨房中设置岛台，将冷食和热食分开，用玻璃拉门隔开热食区，可有效隔离油烟，冷食区能够进行一些西餐类的烹饪（图1-7-12）。

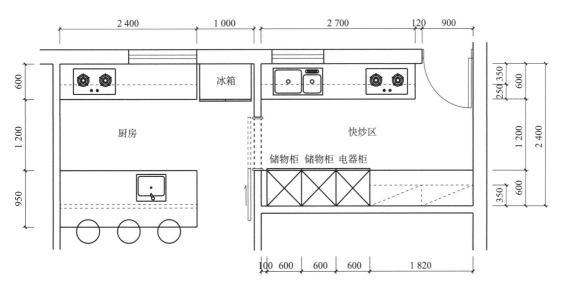

图 1-7-12　双厨房中设置岛台

二、厨房的空间尺度要求

橱柜、冰箱及抽油烟机、炉具、洗菜盆等烹调器具是厨房的主要设施，其尺寸选择的合理性对烹饪操作行为的影响很大。除此之外，厨房的设计还应考虑人的来往、服务等活动所需的空间尺寸。

1. 橱柜家具的尺寸

(1) 橱柜的深度尺寸。

1) 地柜的深度尺寸宜为 600 mm、650 mm，推荐尺寸为 600 mm。

2) 吊柜的深度尺寸宜为 300 mm、350 mm、400 mm，推荐尺寸为 350 mm。

(2) 橱柜的高度尺寸。

1) 地柜台面高度尺寸宜为 800 mm、850 mm、900 mm，推荐尺寸为 850 mm。地柜底座踢脚高度宜为 100 mm。

2) 地柜台面至吊柜底面净空距离宜为 750 mm。

3) 地面距离吊柜顶面高度宜为 2 300 mm。

一般橱柜尺寸如图 1-7-13 所示。

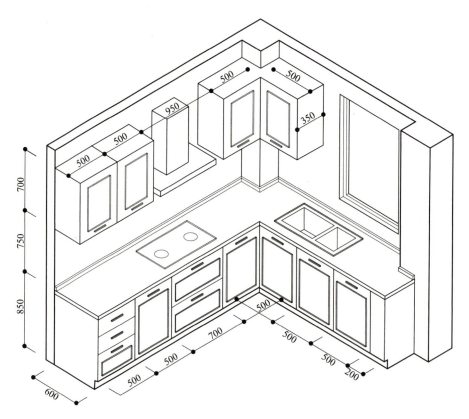

图 1-7-13 一般橱柜尺寸

2. 厨房常用电器及烹调器具尺寸

厨房常用电器及烹调器具常规尺寸见表 1-7-1。

表 1-7-1　厨房常用电器及烹调器具常规尺寸　　　　　　　　　　　　　　　mm

设备设施名称	长度	宽度	高度	深度
冰箱(单开门)	—	550	1 700	550
冰箱(双开门)	—	930	1 850	750
炉具	730	430	—	150
抽油烟机	900	500	600	—
微波炉	—	500	280	320
洗菜水槽(单槽)	520	440	—	250
洗菜水槽(双槽)	840	440	—	250

3. 厨房行为活动所需的尺寸

(1)炉灶操作的人体尺寸关系。灶台到抽油烟机之间的距离最好不要超过 60 cm，同时考虑主妇做饭时的便利程度，可结合其身高做一些适当调整。炉灶布置尺寸如图 1-7-14 所示。

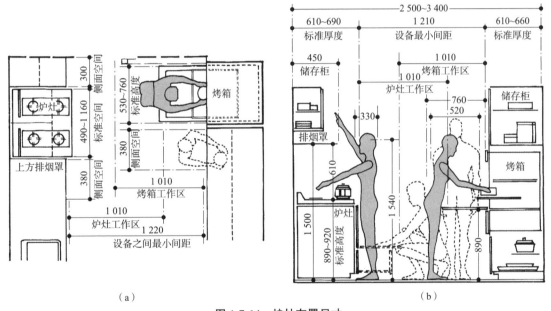

图 1-7-14　炉灶布置尺寸

(a)炉灶布置平面尺寸；(b)炉灶布置立面尺寸

(2)案台操作动线尺寸(图 1-7-15)。通常，若厨房面积较大，台面宽度≥600 mm，这样的宽度一般的水槽和灶具的安装尺寸均可满足，挑选余地比较大；若厨房面积较小，台面宽度≥500 mm 即可。一般来说，台面适合 650 mm 的深度。

(3)水池操作区动线尺寸(图 1-7-16)。根据工效学原理及厨房操作行为特点，在条件允许的情况下可将橱柜工作区台面划分为不等高的两个区域，水槽、操作台为高区，燃气灶为低区。

(4)冰箱操作动线尺寸(图 1-7-17)。在摆放冰箱时，要把握好工作区的尺寸，以防止转身时太窄，整个空间显得局促。冰箱两边要各留 50 mm，顶部留 250 mm，这样冰箱才能更好地散热，从而不影响正常运作。

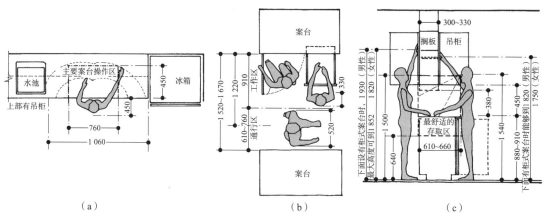

图 1-7-15　厨房案台操作动线尺寸

(a)调制备餐布置尺寸；(b)柜式案台间距尺寸；(c)人能拿到的最大高度

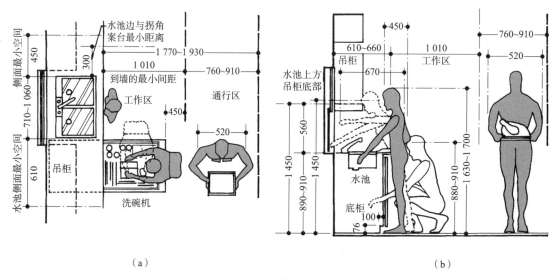

图 1-7-16　水池操作区动线尺寸

(a)水池布置平面尺寸；(b)水池布置立面尺寸

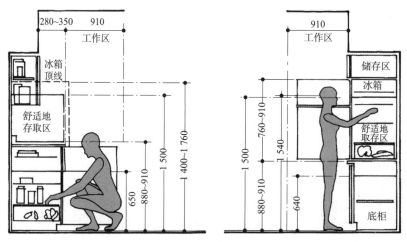

图 1-7-17　冰箱操作动线尺寸

任务实操训练

一、任务内容

本任务以某住宅装饰装修项目为例,根据提供的户型原始平面图(图 1-7-18),使用 CAD 软件完成厨房平面布置图的设计与绘制。

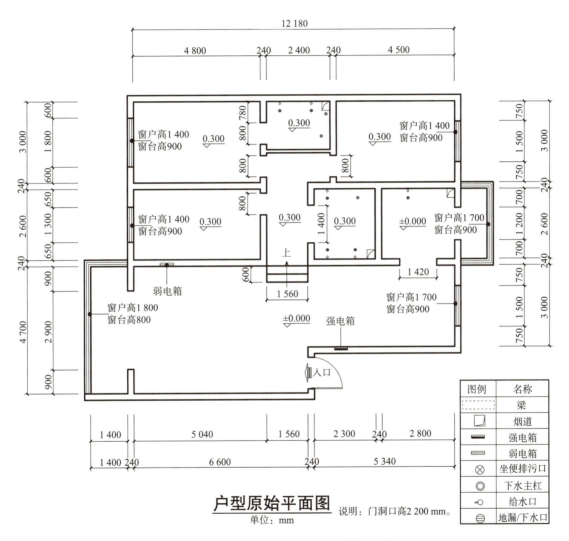

图 1-7-18 某住宅装饰设计户型原始平面图

扫码查看图 1-7-18

二、任务要求

(1)掌握厨房平面布置图中家具的布置方式。
(2)掌握厨房的空间尺度要求及常见家具的尺寸。
(3)掌握厨房平面布置图的图示内容及绘制方法。
(4)能够根据设计方案,熟练使用 CAD 软件按照制图规范绘制厨房平面布置图。

任务八　卫生间平面布置图设计与绘制

教学目标

掌握卫生间的布置原则与形式、卫生间空间的尺度要求及常用家具、设备的尺寸，能够依据人体工程学及家具尺寸，基于设计方案，使用 CAD 软件绘制卫生间平面布置图。

教学重点与难点

1. 卫生间的平面布置形式。
2. 卫生间的空间尺度要求及常用家具、设备的尺寸。

专业知识学习

一、卫生间的平面布置方式

1. 卫生间的布置原则

（1）尽量做到干湿分区。干湿分区的方式有多种，最简单的方法就是安装淋浴房或玻璃隔断将洗浴区单独分出。该方法可以有效地避免水花、水汽扩散，淋浴房一般设置在卫生间里面的角落。若安装的是浴缸，可以采用玻璃隔断或玻璃推拉门，也可以安装浴帘来遮挡水花，安装浴帘这种方法最简单、经济，但干湿分离效果会稍差一些。

需要注意的是，干区和湿区要分开单独安装下水，以免排水不畅，造成淤积；对便器、地漏、洗脸盆等排水管要分路设置，或与主排水立管连接，或分设立管。

（2）充分设置收纳空间，生活用品明放与暗存结合。在居家生活中，卫生间中的各类生活用品种类众多，从洗发水到沐浴露，从化妆品到吹风机，从毛巾、牙具、洗衣粉、洗衣液到清扫工具，都是卫生间的必备品。要使卫生间整齐有序，应根据物品的用途和使用频率考虑明放与暗存的合理比例，充分设置收纳空间。

（3）注意安全性、防水性和易清扫性。卫生间在安装电热水器或燃气热水器时，应考虑用电和燃气通风的安全性；卫生间地面无高差，有利于老年人安全行走和轮椅进出；在老年人使用的卫生间中设置安全扶手，可方便老年人行走、移动、站立、下蹲、起身，防止滑倒摔伤。

2. 卫生间的常见布局形式

按照我国现行住宅卫生间面积状况，卫生间可分为小型卫生间、中型卫生间和大型卫生间。

（1）小型卫生间的面积以 3.5～4.5 m² 为主，可放置三大基本洁具和主要卫生设施（图 1-8-1）。

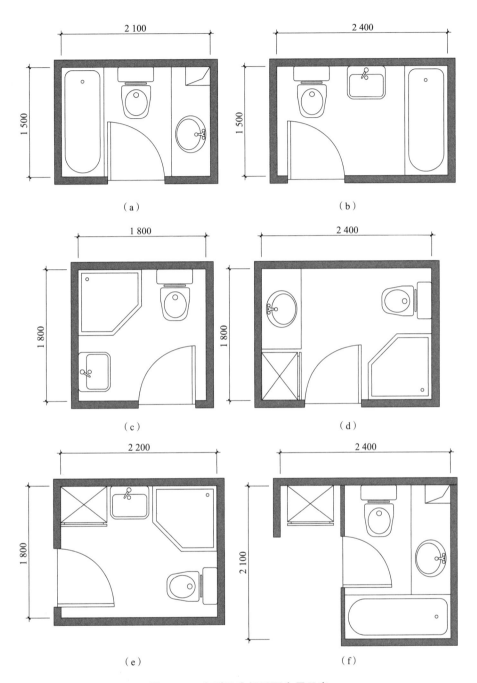

图 1-8-1 小型卫生间平面布局示意

(2)中型卫生间的面积为 5~8 m², 除设置洁具外, 可以将卫生间空间划分为洗浴分离或干湿分离。洗浴分离是指盥洗空间与厕所、洗浴空间分离(图 1-8-2); 干湿分离是指厕所空间与盥洗、洗浴空间分离(图 1-8-3)。这两种分离方式分别提高了洗浴空间的卫生环境质量和盥洗空间的使用效率。

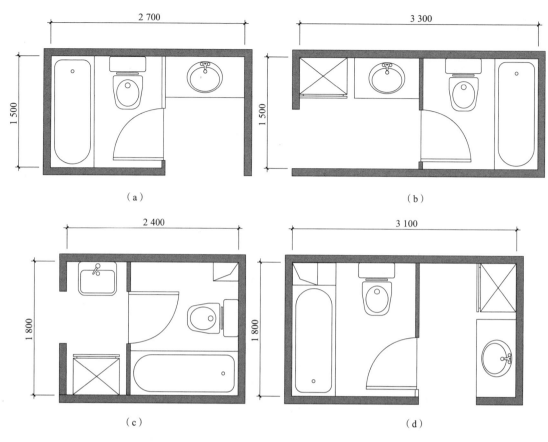

图 1-8-2 盥洗空间与厕所、洗浴空间分离型卫生间平面布局示意

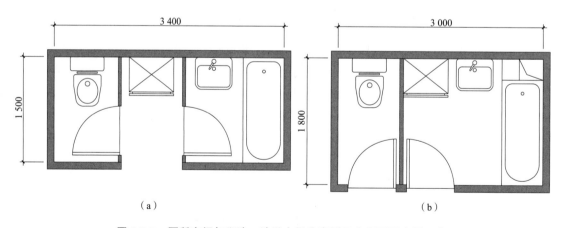

图 1-8-3 厕所空间与盥洗、洗浴空间分离型卫生间平面布局示意

(3)大型卫生间的面积在 8 m² 以上,将厕所、盥洗、洗浴各空间分别独立设置。其优点是各区域功能明确,使用起来舒适、方便。特别是在使用高峰期,各功能区域可以同时使用,可减少相互干扰(图 1-8-4)。

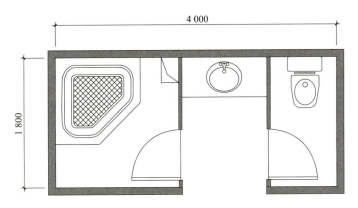

图 1-8-4 独立型卫生间平面布局示意

二、卫生间的空间尺度要求

1. 卫生间家具的尺寸

（1）浴室柜的宽度尺寸。

1）地柜的宽度尺寸宜为 500 mm、550 mm、600 mm，推荐尺寸为 550 mm。

2）吊柜的宽度尺寸宜为 300 mm、350 mm、400 mm，推荐尺寸为 350 mm。

（2）浴室柜的高度尺寸。

1）地柜台面高度尺寸宜为 800 mm、850 mm，推荐尺寸为 800 mm。地柜底座踢脚高度宜为 100 mm。

2）地柜台面至吊柜底面净空距离宜为 800～850 mm。

3）地面距离吊柜顶面高度宜为 2 200 mm。

一般浴室柜的常见尺寸如图 1-8-5 所示。

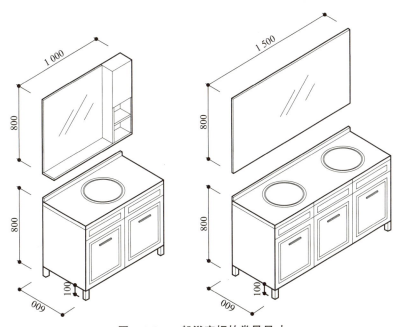

图 1-8-5 一般浴室柜的常见尺寸

2. 卫生间常用设备及器具尺寸

卫生间常用设备及器具的常规尺寸见表1-8-1。

表1-8-1 卫生间常用设备及器具的常规尺寸　　　　　　　　　　　　mm

设备设施名称	长度	宽度	高度	深度
坐便器	700	400	700	
蹲便器	610	455		300
台上、台下面盆	600	400		155
立柱式面盆	750	450	850	
电热水器(60 L)	850	500	500	
燃气热水器	350	140	550	
滚筒式洗衣机	600	600	850	
波轮式洗衣机	550	550	930	

3. 卫生间行为活动所需的尺寸

卫生间行为活动所需的空间尺寸如图1-8-6~图1-8-14所示。

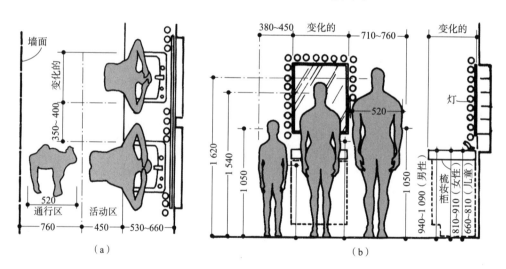

图1-8-6　卫生间洗漱行为活动尺寸1
(a)洗脸盆平面及间距；(b)洗脸盆通常考虑的尺寸

(1)洗漱行为活动尺寸。盥洗环节主要涉及的动作是洗脸盆处的洗漱动作，如图1-8-6、图1-8-7所示。

(2)便溺行为活动尺寸。坐便器前端到障碍物的距离应大于600 mm，以方便站立、坐下等动作(图1-8-8)。

(3)洗浴行为活动尺寸。洗浴时可以采用淋浴或浴盆，这两种洗浴动作所需空间尺寸相差较大，设计时应该根据使用者习惯、卫生间空间大小来合理安排(图1-8-9~图1-8-11)。

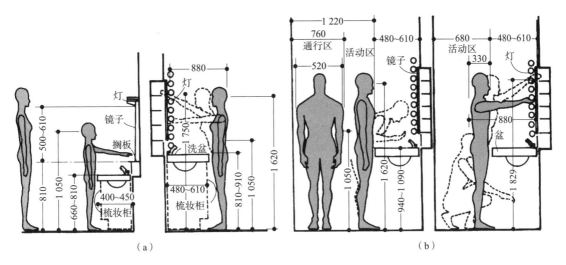

图 1-8-7　卫生间洗漱行为活动尺寸 2

(a)适合女性和儿童的洗脸盆尺寸；(b)适合男性的洗脸盆尺寸

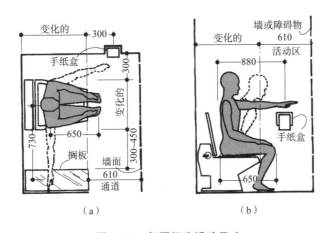

图 1-8-8　便溺行为活动尺寸

(a)坐便器平面；(b)坐便器立面

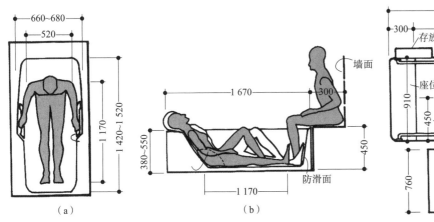

图 1-8-9　浴盆平面及剖面尺寸

(a)单人浴盆平面；(b)浴盆剖面

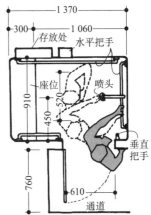

图 1-8-10　淋浴间平面尺寸

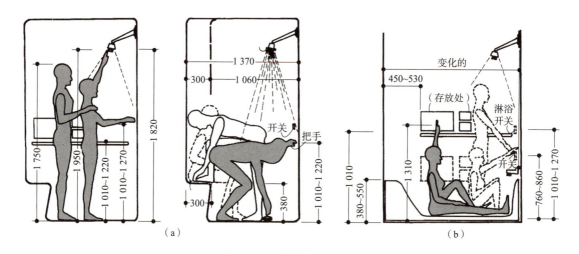

图 1-8-11 淋浴间立面尺寸
(a)淋浴间立面；(b)淋浴、浴盆立面

（4）设备间距尺寸（图 1-8-12～图 1-8-14）。卫生间中的常见设备包括洗脸台、坐便器和淋浴房等，这些设备之间或与其他设备之间也应保有适宜的距离。

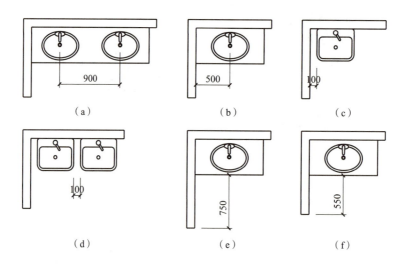

图 1-8-12 洗脸台布置间距尺寸
(a)双洗脸台适宜间距；(b)单洗脸台距墙适宜距离；(c)立式洗脸盆距墙最小距离；
(d)双立式洗脸盆最小间距；(e)单洗脸台前端活动适宜距离；(f)单洗脸台前端活动最小距离

三、卫生间常用家具、设备的平面图示方法

1. 洗脸台

（1）洗脸台有下嵌式及台上式两种，台面深度为 450～600 mm（图 1-8-15）。

（2）镜面柜的常用深度为 150～200 mm。

2. 坐便器

(1)坐便器使用净宽度宜为750～1 000 mm(图1-8-16)。

(2)坐便器座宽一般为450～470 mm。

3. 淋浴房

(1)淋浴房的使用宽度宜为850～1 500 mm。

(2)淋浴房的使用长度一般为1 000～2 000 mm。

(3)淋浴房玻璃隔间门的宽度一般为600～700 mm。

(4)淋浴房止水门槛的宽度一般为80～120 mm。

如图1-8-17所示为淋浴房平面图示。

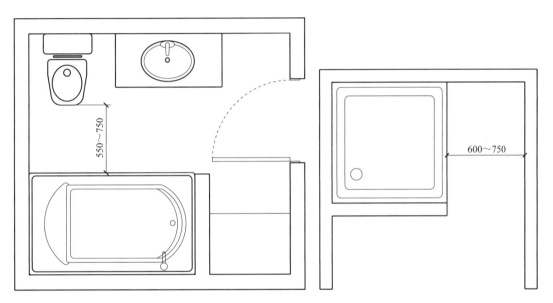

图1-8-13　坐便器与浴缸之间的距离　　　图1-8-14　淋浴房距墙距离

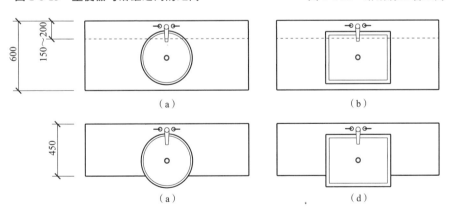

图1-8-15　洗脸台平面图示方法

(a)下嵌式圆形洗脸台；(b)下嵌式方形洗脸台；(c)台上式圆形洗脸台；(d)台上式方形洗脸台

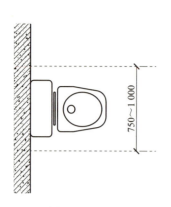

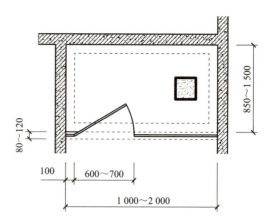

图 1-8-16　坐便器平面图示(使用净宽)　　　图 1-8-17　淋浴房平面图示

4. 嵌入式浴缸

(1)浴缸的常用长度为 1 500～1 900 mm。

(2)浴缸的常用宽度为 700～1 100 mm。

(3)浴缸的常用深度为 450～640 mm。

(4)浴缸边缘的平台宽度为 100～300 mm，可设置浴缸四边平台、前后平台、左右平台等。

如图 1-8-18 所示为嵌入式浴缸平面图示。

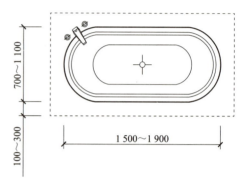

图 1-8-18　嵌入式浴缸平面图示

任务实操训练

一、任务内容

本任务以某住宅装饰装修项目为例，根据提供的户型原始平面图(图 1-8-19)，使用 CAD 软件完成卫生间平面布置图的设计与绘制。

二、任务要求

(1)掌握卫生间平面布置图中家具的布置方式。

(2)掌握卫生间的空间尺度要求及常见家具的尺寸。

(3)掌握卫生间平面布置图的图示内容及绘制方法。

(4)能够根据设计方案，熟练使用 CAD 软件按照制图规范绘制卫生间平面布置图。

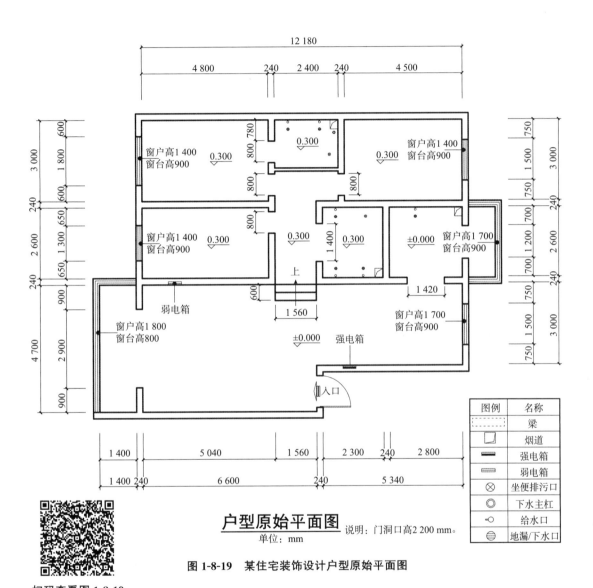

图 1-8-19 某住宅装饰设计户型原始平面图

模块二　地面装饰装修施工图设计

任务一　地面铺装平面图识图与绘制

教学目标

了解地面铺装平面图的作用；掌握地面铺装平面图的图示内容及图示方法；能够看懂楼地面铺装平面图。

教学重点与难点

1. 地面铺装平面图的图示内容。
2. 地面铺装平面图的图示方法。

专业知识学习

一、楼地面基础知识

楼地面是对楼板层的面层(楼面)和地坪层的面层(首层地面)的总称。

楼地面主要构造层分为结构层、中间层和面层。

(1)结构层：承受并传递荷载(如素土夯实、钢筋混凝土板)。

(2)中间层：有功能层(防潮、防水、保温、敷设管线)、找平层、结合层。

(3)面层：美观、装饰，承受各种直接的物理和化学作用。

楼地面装饰是装饰工程的重要内容，是日常生活中经常受到摩擦、清洗的部分。因此，对楼地面要求除了美观、舒适外，还要满足使用和功能上的需求，要坚固耐磨、表面平整、光洁、易清洁、不起尘、保温、隔声、有弹性、防潮、防水、耐腐蚀等。

二、楼地面铺装形式

按照不同的处理方式，楼地面装饰主要有如下几种：

(1)整体式地面，包括水泥地面、水磨石地面、涂饰地面等；

(2)块材地面，包括陶瓷地砖地面、石材地面等；

(3)木制地面，包括实木地板地面、实木复合地板地面、复合地板地面、竹木地板地面等；

(4)软质地面，包括地毯地面、塑料地面、橡胶地面等。

三、地面铺装平面图的图示内容及作用

用于表达楼地面铺装形式、铺装选材等楼地面装修情况的平面图称为地面铺装图。

地面铺装图主要用于表达地面铺装形式，地面高差变化与标高，地面铺装材料的名称、规格、拼花样式及有特殊要求的工艺做法，地面设备布置等内容。

地面铺装平面图所表达的主要内容如下：

(1)建筑主体结构(如墙、柱、台阶、楼梯、门窗等)的平面布置、具体形状，以及各种房间的位置和功能等。

(2)地面铺装的平面形式、位置、规格、饰面材料的名称、拼花样式，如地面瓷砖铺设材料的大小、颜色、形状及铺贴方式。

(3)尺寸标注。一是建筑平面基本结构和尺寸；二是铺装规格尺寸。

(4)文字说明。表明地面的装饰材料和装修工艺要求等必要的文字说明。

图 2-1-1 所示为某住宅装饰装修地面铺装平面图示例。

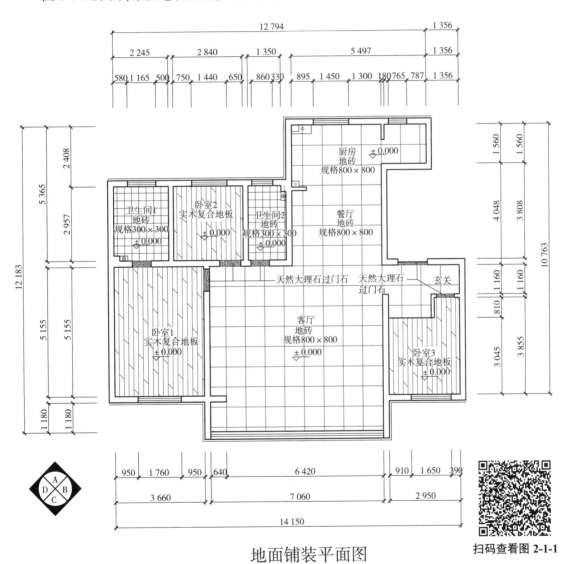

图 2-1-1　某住宅装饰装修地面铺装平面图

模块二 地面装饰装修施工图设计

任务实操训练

一、任务内容

本任务以某住宅装饰装修项目为例,对照设计方案平面布置图(图 2-1-2),识读地面铺装平面图(图 2-1-3),并使用 CAD 软件抄绘地面铺装平面图。

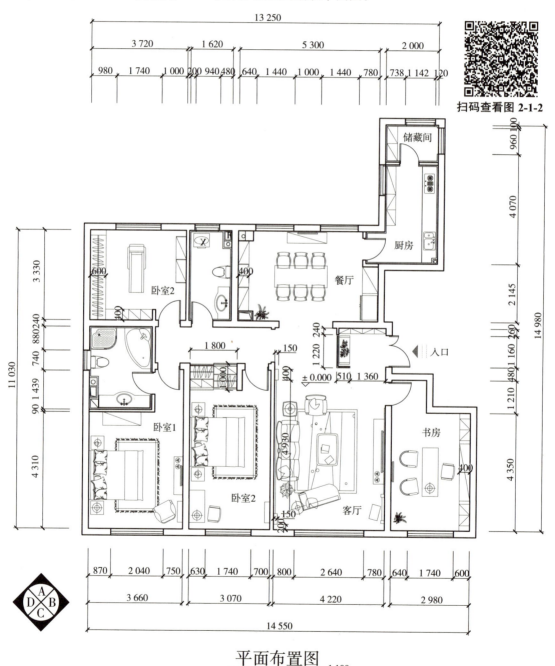

图 2-1-2 某住宅装饰设计平面布置图

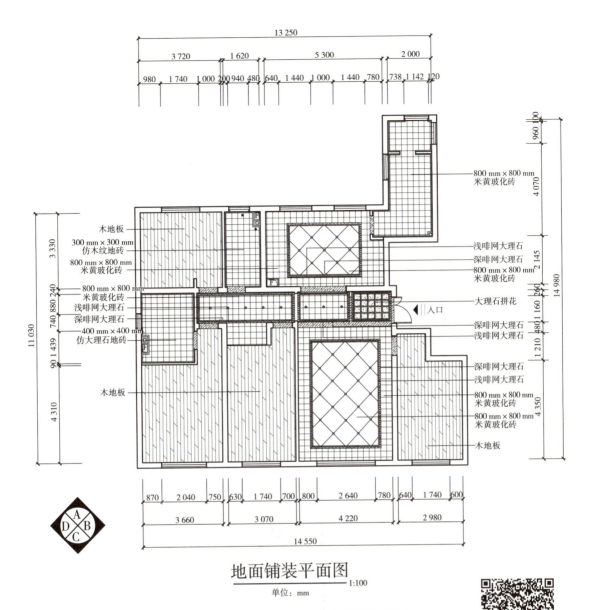

地面铺装平面图
1:100
单位：mm

图 2-1-3　某住宅装饰设计地面铺装平面图

扫码查看图 2-1-3

二、任务要求

(1) 能正确识读楼地面铺装平面图的图纸信息，看懂平面布置图的图示内容。
(2) 掌握图纸中对楼地面铺装的不同表述方式。
(3) 掌握绘制平面布置图的规范要求。
(4) 能较好地理解三维空间与二维平面的对应关系。
(5) 能够根据设计方案，熟练使用 CAD 软件抄绘地面铺装平面图。

任务二　地面拼花施工图设计与绘制

教学目标

掌握楼地面拼花图的图示内容及图示方法；能够看懂楼地面拼花图；掌握地面拼花图的设计方法；能够依据设计方案绘制规范的地面拼花图。

教学重点与难点

1. 地面拼花图的图示内容与方法。
2. 地面拼花图的设计方法。

专业知识学习

一、波导线与地面拼花

1. 波导线

波导线又称波打线，也称为花边或边线等，"波导"一词来自英文"boundary"，表示边界，是指地面铺材走边。波导线主要用在地面周边沿墙边四周。在室内装修中，波导线主要起到进一步装饰地面的作用，使地面更富于变化，看起来具有艺术韵味，一般用深色瓷砖或大理石加工而成（图 2-2-1）。

图 2-2-1　地面装饰设计中的波导线

2. 地面拼花

地面拼花是一种或多种不同色彩和纹理的大理石、瓷砖在地面上"拼"出精美的图案，用以装饰、美化地面的装饰形式（图 2-2-2）。地面拼花主要应用于欧式风格住宅室内地面及公共空间的室内地面装饰装修。制作地面拼花的材质主要有瓷砖和大理石，地面拼花需要依据设计的图案定制加工，然后按照铺设大理石、瓷砖的施工技术铺贴而成。随着计算机控制与水刀切割技术的结合，地砖可以被精确地切割出设计师想要的任何形式的曲线。

图 2-2-2 地面装饰中的拼花设计

二、地面拼花图的图示内容与方法

在施工图设计中，地面拼花图实质上是地面铺装图的局部和细部设计图纸，与地面铺装图是不可分割的一个整体。

图案的形状样式、尺寸大小、铺贴位置、颜色及材质是地面拼花图要表达的核心内容，在设计绘制地面拼花图时，要以便于切割加工、铺贴施工为原则，为图案定制加工、现场施工提供翔实、准确的数据，主要以平面图的形式表达施工设计方案。

地面拼花图所表达的主要内容如下：
(1) 图案的平面形状样式及尺寸。
(2) 铺贴位置的定位尺寸。
(3) 详图索引及剖切符号等。
(4) 表明饰面的材料和装修工艺要求等文字说明。

地面石材拼花平面图如图 2-2-3 和图 2-2-4 所示。

三、地面拼花图的设计方法

(1) 应根据设计方案的预期效果确定地面拼花的位置。通常是为强调某一特殊区域，如走廊、某区域地面中心，在地面某局部通过变换瓷砖、大理石的颜色、纹理或型号取得差异变化。

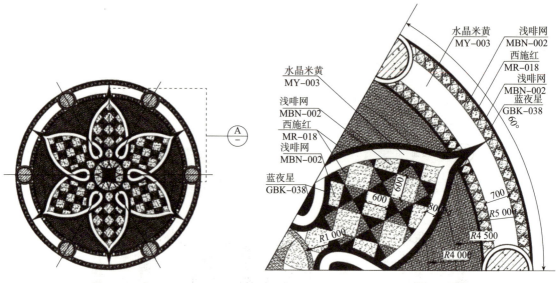

图 2-2-3　地面石材拼花图案平面图（示例）　　图 2-2-4　地面石材拼花平面图（局部）

（2）应根据设计方案确定地砖、大理石的品种、颜色、纹理和型号，并在施工图上明确相关信息。

（3）应根据设计方案的总体思路和具体材料设计地面拼花或波导线，具体方法可以采用传统二方连续、四方连续、不规则跳跃，或点、线、面的构成等多种组合形式，通过不同色彩、纹理的对比取得艺术设计效果。

（4）应以有利于切割加工、有利于铺贴施工为出发点，考虑波导线、拼花图案的样式和尺寸。

图 2-2-5～图 2-2-8 所示为某公共建筑室内地面拼花设计方案及拼花施工图。

图 2-2-5　某公共建筑室内陶瓷马赛克拼花设计方案

模块二　地面装饰装修施工图设计　081

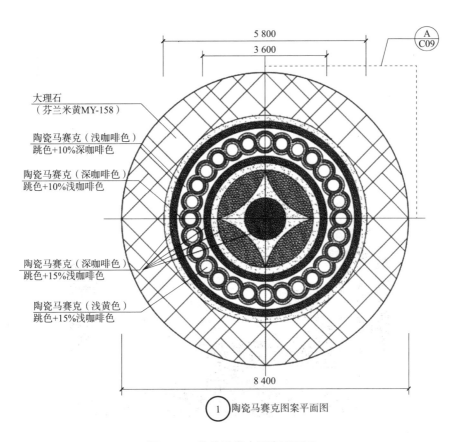

图 2-2-6　陶瓷马赛克图案平面图

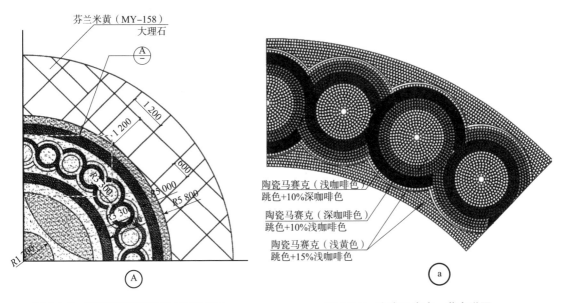

图 2-2-7　陶瓷马赛克图案局部平面图　　　图 2-2-8　陶瓷马赛克 a 节点详图

任务实操训练

一、任务内容

本任务以某别墅的餐厅装饰装修设计为例,完成地面拼花图的设计与绘制。

相关说明:

(1)设计方案见餐厅效果图(图 2-2-9)。

图 2-2-9　某别墅餐厅装饰设计方案效果图

(2)相关尺寸数据见餐厅平面布置图(图 2-2-10)。

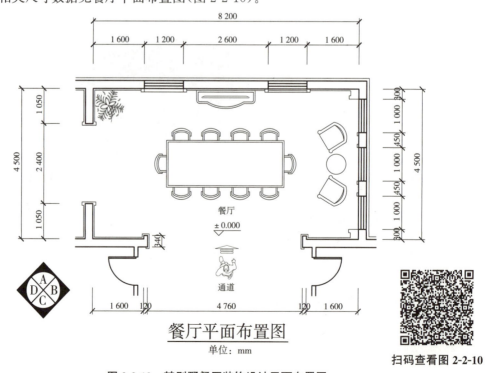

扫码查看图 2-2-10

图 2-2-10　某别墅餐厅装饰设计平面布置图

二、任务要求

(1)掌握波导线与地面拼花的设计及图纸绘制方法。

(2)根据设计方案,使用 CAD 软件绘制某别墅地面拼花图,具体包括地面铺装平面图、拼花图案平面图及相关详图。

(3)图纸表达内容完整,制图规范,图面美观。

任务三　地砖铺装施工图设计与绘制

教学目标

了解地砖的种类及规格;掌握地砖铺贴样式的选择和设计;掌握地砖铺装施工图的图示内容与方法;能够看懂地砖铺装施工图;能够正确绘制地砖铺装施工图。

教学重点与难点

1. 地砖铺贴样式的选择和设计。
2. 地砖铺装施工图的图示内容与方法。
3. 地砖铺装施工图的识读与绘制。

专业知识学习

在现代装修中,地砖的应用越来越广,为美化空间起着其他材料无法比拟的作用(图 2-3-1)。地砖的规格尺寸多样,能够满足不同空间的需求,布置上错落有致,为塑造灵性空间、展露个性风采提供了极大的想象空间,是目前建筑室内地面装饰中应用较为广泛的一种材料。

图 2-3-1　地砖铺装应用

一、地砖的分类

地砖具有无毒、无味、易清洁、防潮、耐酸碱腐蚀、无有害气体散发、美观耐用等特点。地砖地面常用的材料有陶瓷地砖、马赛克、劈离砖、玻化砖、抛光砖、仿古砖等。地砖的分类、定义、规格尺寸、性能特点、适用范围、燃烧性能等级详见表2-3-1。

表 2-3-1　地砖的分类、定义、规格尺寸、性能特点、适用范围、燃烧性能等级

分类	定义	规格尺寸/mm	性能特点	适用范围	燃烧性能等级
陶瓷地砖	陶瓷地砖可分为无釉和有釉两种。有釉的花色有红、白、浅黄、深黄等多种;无釉的地砖保持砖体本色,质感古朴自然	300×300、300×600、600×600、900×900、145×900、45×900等	防滑、强度高、硬度大、耐磨损、耐腐蚀、抗风化,各种形状、多种规格,可组合成不同图案,施工方便	新建及改造室内楼(地)面面层	A
马赛克	马赛克表面有挂釉和不挂釉两种,形状多种,可拼成各式各样织锦似的图案	马赛克的形状有正方形、矩形、六角形及对角、斜长条等不规则形状。正方形尺寸有39×39、23.6×23.6、18.5×18.5、15.2×15.2。在工厂制作时预先拼成300×300/600×600大小,再用牛皮纸粘贴正面,并保证块与块之间留有1mm左右的缝隙	质地坚实,经久耐用、耐酸、耐碱、耐火、耐磨、不透水、不滑、易清洗、色泽丰富,可根据设计组合各种花色品种,拼成各种花纹	门厅、走廊、浴室、游泳池等楼(地)面;无釉的陶瓷马赛克不宜用于餐厅、厨房等易污染的楼(地)面,也不宜大面积使用	A
劈离砖	劈离砖是一种新型陶瓷墙地砖	240×52、240×115、194×94、190×190/240×115(52)、194×94(52)	强度高、粘结牢固、色彩丰富、自然柔和、耐冲洗而不褪色	新建及改造室内、外楼(地)面面层	A
玻化砖	玻化砖表面如玻璃镜面一样光滑透亮,是所有瓷砖中最硬的一种	300×300、300×600、600×600、900×900、145×900、45×900	强度极高、吸水率低、抗冻性强、防潮、防腐、耐磨耐压、耐酸碱、防滑	新建及改造室内楼(地)面面层	A
抛光砖	抛光砖是通体砖的坯体,表面经过打磨而成的一种光亮的砖	600×600、800×800、1 000×1 000、600×1 200	表面光滑、坚硬耐磨、表面有微小气孔,易渗入灰尘、油污	新建及改造室内楼(地)面面层	A

续表

分类	定义	规格尺寸/mm	性能特点	适用范围	燃烧性能等级
仿古砖	仿古砖是上釉的瓷质砖	500×500、165×165、330×330、150×150、800×800、398×800、600×1 200	色彩丰富,有灰、黄色系、古典色系,包括红、咖啡、深黄色系;吸水率低,有凹凸不平的视觉感,有良好的防滑性能,质感密实细腻、纹理自然	新建及改造有一定特殊风格要求的室内楼(地)面面层	A

二、地砖铺贴样式的选择与设计

1. 横竖铺贴

横竖铺贴是最传统、最常见的方式,是以墙边平行的方式进行铺贴。砖缝对齐且不留缝,同时用与砖的颜色接近的勾缝剂勾缝处理。装饰效果工整、简约、整洁,多用于现代简约风格。

除正方形瓷砖外,长方形的瓷砖也常被用于横铺贴或竖铺贴(图 2-3-2)。

2. 工字形铺贴

工字形铺贴是在传统横竖铺贴的基础上稍微做改动,瓷砖铺贴成工字形。工字形铺贴在视觉上会产生错落感,装饰效果错落有致,不显单调。工字形的铺贴方式比普通横竖铺贴费时费料,会多耗费 5%～10% 的材料(图 2-3-3)。

图 2-3-2 长方形地砖横竖铺贴　　　　图 2-3-3 地砖工字形铺贴

3. 菱形斜铺贴

菱形斜铺贴是将瓷砖与墙边成 45°角的方式排砖铺贴,视觉上原本四方的砖会变成菱形,装饰效果生动,不呆板,多用于欧式、田园风格和美式风格,在现代简约风格中也有应用(图 2-3-4)。

仿古砖菱形铺贴时,常带角花做点缀。仿古砖斜铺时最好留设宽缝,留缝为 3～8 mm。

可以选择与砖体颜色接近的勾缝剂，也可以选择有反差的勾缝剂处理砖缝。砖缝组成的几何线形纵横交错，能给空间带来很强的立体感，能体现出砖的古朴感觉。

菱形斜铺贴方式相对而言比较费砖费工，地砖用量损耗较多，以 600 mm×600 mm 的地砖为例，损耗会超过普通铺法的 15% 以上，铺装费用超出普通铺法的 50% 左右。

4. 错位铺贴

错位铺贴也是在传统横竖铺贴或菱形斜铺贴的基础上稍微做改动的一种形式，常通过在四片瓷砖对角的位置增加角花做装饰点缀，砖缝错位不做直线延伸处理(图 2-3-5)。

5. 组合式铺贴

组合式铺贴是用不同尺寸、款式和颜色的瓷砖，按照一定的组合方式进行铺贴，铺贴方式更丰富。组合式铺贴的配套产品有波导线、地拼花、角花等。波导线一般用深色的瓷砖，仿古砖配有专门配套的波导线。

组合式铺贴适用于欧式风格和乡村田园风格，通常可以用颜色略深于所铺主体瓷砖的大理石或瓷砖，在地面四周围边，铺贴效果让人感觉用材更加精致，而且更能烘托出空间气氛。

用在现代简约风格的家中，则使用颜色反差大的瓷砖组合铺贴，使地面几何线条变得丰富，能起到很好的对比装饰作用。

地砖组合式铺贴如图 2-3-6 所示。

三、地砖铺装施工图的图示内容与方法

地砖铺装施工图主要由地砖铺装平面图及关键部位节点图组成。

地砖铺装平面图主要反映地砖铺装的平面形式、位置、尺寸规格、铺贴样式，以及表明地面装修工艺要求等必要的文字说明。

地砖铺装关键部位节点图，是将在整图中无法表示清楚的某一个部分(两个以上装饰面的汇交点)单独绘制出来表现其具体构造的图纸。

图 2-3-7、图 2-3-8 所示为某场所地砖铺装平面图及图中关键部位节点图(A 节点、B 节点构造详图)。

图 2-3-4　地砖菱形斜铺贴

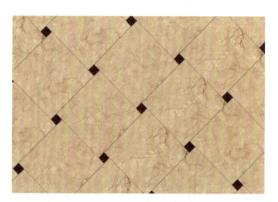

图 2-3-5　地砖错位铺贴

图 2-3-6　地砖组合式铺贴

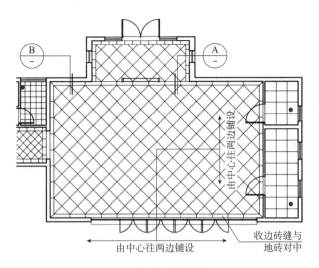

图 2-3-7 某场所地砖铺装平面图

注：(1)在实际工程中，采用标准地砖，尽量不裁切，排版余下部分通常做地砖收边。

(2)地砖铺装通常可分为密缝和空缝两种。密缝间距约为 2 mm，空缝间距为 5～8 mm时，空缝一般多用于大砖、大面积的场所。缝隙用白水泥或成品嵌缝剂嵌缝。

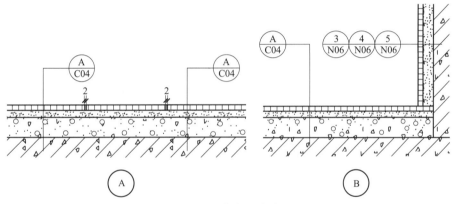

图 2-3-8 节点构造详图

注：(1)Ⓐ节点主要表达两种瓷砖交汇处砖缝的处理；同时，对地砖铺装构造索引，索引的详图如图 2-3-9 所示。

(2)Ⓑ节点主要表达地砖与墙面交汇处踢脚的处理，索引出踢脚构造详图③④⑤；同时，索引出地砖铺装构造详图，如图 2-3-10 所示。

注：(1)结合层做法一般为厚度不小于 25 mm 的 1∶3 水泥砂浆。有地漏和排水孔的部位应做放射状标筋，坡度一般为 1.0%～2.0%。

(2)LC7.5 轻集料混凝土是指抗压强度为 7.5 MPa 的轻集料混凝土。

在需要做防水处理的楼(地)面，如卫生间、厨房等，需要在铺贴地砖之前做防水处理。其构造如图 2-3-11 所示。

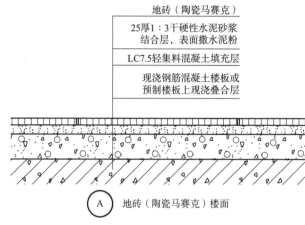

图 2-3-9　Ⓐ节点地砖铺装构造详图(楼面)

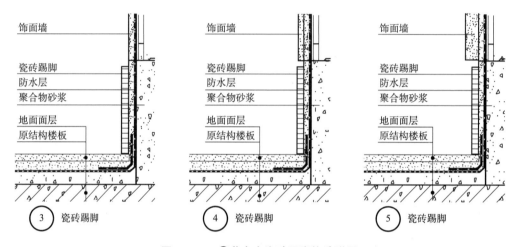

图 2-3-10　Ⓑ节点中瓷砖踢脚构造详图

注：③④⑤分别表达了3种不同样式的瓷砖踢脚构造，详图③是踢脚凸出于饰面墙，详图④是踢脚与饰面墙平齐，详图⑤是饰面墙凸出于踢脚。

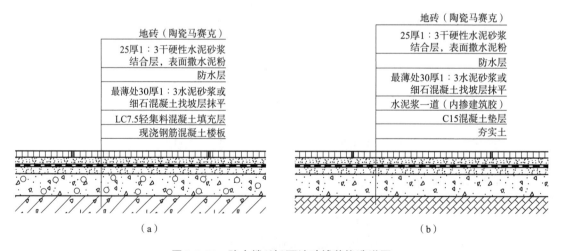

图 2-3-11　防水楼(地)面地砖铺装构造详图
(a)地砖(陶瓷马赛克)防水楼面；(b)地砖(陶瓷马赛克)防水地面

> 任务实操训练

一、任务内容

本任务以某住宅书房地砖铺装为例,依据设计方案完成"地砖铺装施工图设计",绘制地板铺装平面布置图及相关节点图。

相关说明如下:

(1)设计方案效果如图 2-3-12 所示。
(2)相关尺寸数据如图 2-3-13 所示。
(3)地砖规格为 600 mm×600 mm。地砖与墙面交接处采用大理石材踢脚。
(4)该住宅书房位于一楼,按地砖防水地面处理。
(5)墙面装饰材料为仿大理石护墙板。

二、任务要求

(1)看懂国家标准图集《内装修—楼(地)面装修》(13J502-3)中"地砖铺装构造图"。
(2)掌握地砖的铺装构造及施工工艺。
(3)依据设计方案及国家标准图集,使用 CAD 软件正确绘制地砖铺装平面布置图及相关节点详图。
(4)图纸表达内容完整,制图规范,图面美观。

图 2-3-12 某住宅书房装饰设计效果图

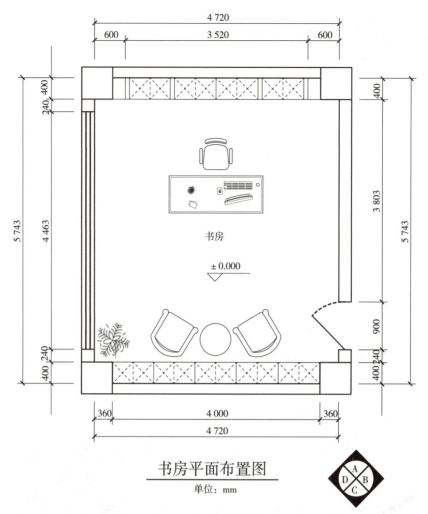

图 2-3-13　某住宅装饰设计书房平面布置图

任务四　木地板铺装施工图设计与绘制

教学目标

了解木地板的种类及规格，掌握木地板拼接方式和铺设方向的选择和设计，能够看懂木地板地面节点图，能够正确绘制木地板地面铺装平面图及节点详图。

教学重点与难点

1. 木地板拼接方式的选择与设计。
2. 木地板铺设方向的选择与设计。
3. 木地板地面节点图的识读与绘制。

▎专业知识学习

木地板是目前广泛采用的地面铺装用材。木地板具有天然纹理，给人以淳朴、自然的亲切感。木地板在无防水要求的房间采用较多，常用于客厅、卧室、书房、儿童活动用房、健身房、办公室等。如图 2-4-1 所示为木地板铺装应用。

图 2-4-1　木地板铺装应用

一、木地板种类及性能特点

木地板主要可分为实木地板、复合木地板（强化复合地板和实木复合地板的统称）、竹材地板、软木地板。使用最普遍的有实木地板、实木复合地板和强化复合木地板三类，竹地板和软木地板因为材质、环境和价格因素限制较多，选购率相对较低。

1. 实木地板

实木地板也称为原木地板，是天然木材经烘干、加工后形成的，是纯天然的单体木板，具有天然木材的纹理。从侧面可以看到内外材质一致（图 2-4-2）。

优点：因为是实木加工而成，所以纹理自然，冬暖夏凉，软硬适中，弹性好，有良好的隔声、吸声、绝缘性能，脚感舒适度好。实木地板用大自然中天然树木制成，基本不含其他化学成分，因此甲醛等有害物质少，更加环保。

缺点：导热性较差，有部分木地板不支持使用地暖。要铺装地暖的需要选择密度较高、含水率低的实木地板。

纯实木地板的价格相对较高。因为天然实木本身材质的不同，所以不同的实木地板的硬度、含水率、颜色等区别很大，要根据使用场所的实际情况挑选合适的地板。

2. 实木复合地板

实木复合地板是将单体木板切分为较薄的单板，通过纵横交错的方式重组，再贴上实木皮构成的。其表面层为实木，其他层为其他板材，通常可分为三层实木复合地板和多层实木复合地板（图 2-4-3）。实木复合地板一定程度上克服了实木地板湿胀干缩的弊端。既保留了外观上的天然属性，又提高了产品的稳定性。

优点：保留了实木地板的自然纹理和脚感舒服的特点。同时，耐磨性和稳定性比实木地板有所提高,比实木地板更适合地暖,不易变形。

缺点:实木复合地板的生产制造中需要使用胶粘剂,不如实木地板环保;花纹颜色比强化复合地板变化相对少一些。

图 2-4-2　实木地板结构

图 2-4-3　实木复合地板结构

3. 强化复合木地板

强化复合木地板是使用高密度纤维板加上装饰纸、耐磨纸径高温、高压而成。强化复合木地板一般是由四层材料复合组成的,即耐磨层、装饰层、高密度基材层、平衡(防潮)层(图 2-4-4)。其中,高密度基材层由天然或人造速生林木材粉碎,经纤维结构重组高温、高压成型。其花色款式超越了自然的限制,丰富多变,同时,具有耐磨耐污、易打理、价格实惠等特点。

优点:因为表面有耐磨层,所以对比实木地板易打理、耐磨耐污。防腐、防蛀,抗菌,不会虫蛀、霉变;不受温度、湿度影响变形;花色款式超越了自然的限制,丰富多变;价格非常亲民;而且安装很方便,可以用于地暖环境。

缺点:硬度比较大,脚感没有实木地板好。地板在制作过程中会用到胶,环保性稍微弱。

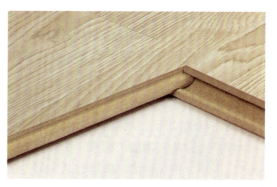

图 2-4-4　强化复合木地板结构

二、木地板常见规格

实木地板的长度为 400～1 200 mm,宽度为 60～125 mm,其标准板规格为 910 mm×125 mm×18 mm,宽板规格为 910 mm×155 mm×18 mm。另外,还有许多非标准规格,如宽度为 60 mm 的窄板,长度为 750 mm、600 mm 的短板。实木地板标准厚度是 18 mm,一般来说,实木地板的厚度和稳定性是成正比的,实木地板越厚,稳定性越好,脚感也更舒服。

实木复合地板长度一般为 900～2 200 mm,宽度为 120～200 mm,家庭常用的尺寸有 1 020 mm×123 mm×15 mm、1 200 mm×150 mm×15 mm、1 802 mm×150 mm×15 mm;方形板为 300 mm×300 mm。实木复合地板的厚度一般有 12 mm、15 mm、18 mm 三种,目前市场上用得比较多的是 15 mm。

强化复合木地板的标准宽度一般为 191~195 mm，长度在 1 200 mm 和 1 300 mm 左右；宽板的宽度为 295 mm 左右，长度多为 1 200 mm；窄板的宽度基本在 100 mm 左右，长度为 900~1 000 mm。国家标准的强化复合木地板厚度为 8 mm 和 12 mm，现在多见的是 12 mm。

木地板常见规格见表 2-4-1。

表 2-4-1　木地板常见规格

类别	长/mm	宽/mm	厚/mm
条形实木地板	910	125（标准板）	18/20
	910	155（宽板）	18/20
拼方、拼花实木地板	150/300/450	150/300/450	8~15
条形实木复合地板	1 020	123	12/15/18
方形实木复合拼花地板	1 200	150	12/15/18
	400/450	400/450	12/15/18
强化地板	1 200~1 300	191~195（标准板）	8/12
		295（宽板）	8/12
	900~1 000	100（窄板）	8/12

木地板尺寸的选择没有绝对标准，主要应结合房间面积大小来选择。如果空间面积大，宜选择宽木地板；反之则宜选择窄木地板。长板有长板的优点，短板有短板的特色，木地板的规格选择，做到与空间大小的比例适合即可。

三、木地板拼接方式的选择与设计

木地板比较常见的拼接方式有错缝拼、人字拼、鱼骨拼、十字拼（田字拼）、地板拼花。不同的拼法，拼出来的装饰效果完全不同。

1. 错缝拼

错缝拼有二分之一铺法（工字拼）和三分之一铺法［图 2-4-5（a）、（b）］。三分之一铺法看上去和工字形差不多，只是地板的短边接缝位于长边的位置不同，位于上下两块地板的三分之一位置，接缝整体呈阶梯状，看上去比较有立体感。比较适合标准或大规格尺寸的地板，整齐工整。木地板错缝拼实例如图 2-4-6 所示。

2. 人字拼

人字拼在欧式风格、欧式田园风格、美式风格装饰中最为常见。在铺设时，将两条木地板的顶端成 90°角接拼在一起，形成人字形［图 2-4-5（c）］。这种方法不仅适用于木地板，而且像瓷砖、文化石等都可以采用这种方法进行铺贴。人字拼适合小规格地板，铺设难度比较高，龙骨铺装需要加密。木地板人字拼实例如图 2-4-7 所示。

3. 鱼骨拼

鱼骨拼只能用专门的鱼骨拼地板，拼出来后的花纹和颜色非常好看，但是安装难度比较高，对齐并不容易，需要经验丰富的安装师傅细心操作。鱼骨拼和人字拼看起来相似，但又有一些不同。鱼骨拼拼接的中缝对齐，而人字拼在衔接处会有错落感。从工艺上看，鱼骨拼要更复杂，因为每块木地板的两边都需要 45°裁切，铺装时需要地板斜边整齐地进行铺设［图 2-4-5（d）］，木地板龙骨拼如图 2-4-8 所示。

4. 十字拼(田字拼)

十字拼是将几块木地板拼接成一块正方形,然后进行方块式的拼贴[图 2-4-5(e)]。十字拼适合小规格的地板,拼法也比较简单,难度不高,龙骨铺装需要加密。木地板十字拼如图 2-4-9 所示。

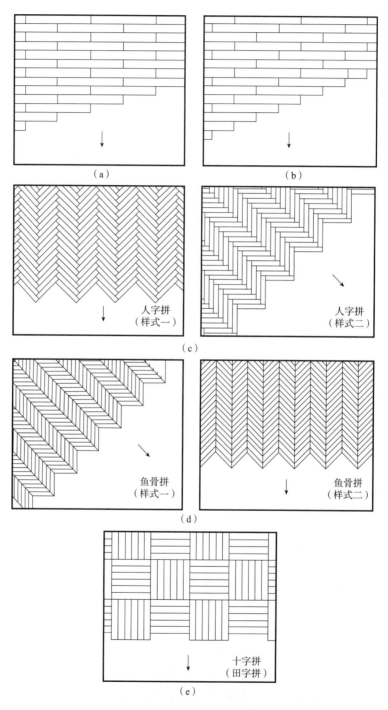

图 2-4-5　木地板常见拼接样式

(a)错缝拼(二分之一铺法);(b)错缝拼(三分之一铺法);(c)人字拼;(d)鱼骨拼;(e)十字拼(田字拼)

图 2-4-6　木地板错缝拼

图 2-4-7　木地板人字拼

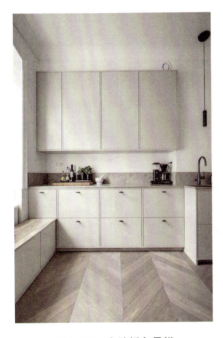

图 2-4-8　木地板鱼骨拼

图 2-4-9　木地板十字拼

从铺设损耗来说，错缝拼损耗最少，一般是4％；人字拼要损耗6％左右，而鱼骨拼的损耗要达到8％~14％。

地板拼花是以不同色彩和树种的木皮拼接，在木质上呈现或具体或抽象的图案，极具装饰感。它依靠变幻多彩的花色、精雕细琢的工艺、个性时尚的设计，悄悄地改变着地板曾经给人留下的呆板、冷漠的印象。拼花地板多是采用多层实木地板制造，同时利用不同种类木材色彩与纹理的不同，拼接出多变的造型与图案，从而达到不同的装饰效果。地板拼花效果如图 2-4-10 所示。

图 2-4-10　拼花木地板

四、木地板铺设方向的选择与设计

1. 顺光线铺（与窗户垂直）

一般木地板的铺贴方向是顺光线铺设，也就是铺设方向垂直于窗户。这样铺设的好处是木地板随着阳光的方向向前延伸，加强空间的纵深感，视觉上会更开阔。如果平行于窗户横着铺设，木地板上弯曲的木质纹理会让地面看起来不平整，影响视觉美感。

北方房屋的结构多为南北通透，常言"南北向铺设或顺长边铺设"，其实都是顺光线铺。

2. 顺长边铺（延伸空间感）

地板还可以顺着房间长边的方向铺设。一般以客厅的长边走向为准，如果客厅铺设地板，其他需要铺设地板的房间也跟着同一个方向铺设。如果客厅不铺设地板，那么其他各个房间可以独立铺设，以各个房间长边走向为准，不需要统一方向。

3. 顺主空间铺（同向布局、整齐统一）

如果家中通铺木地板，首先是确定客厅顺光线铺设或者顺长边铺的方向，然后所有房间和客厅木地板同一方向铺设，这样能让整套房子看起来更整齐划一。如果不是通铺木地板，只是卧室、书房铺木地板，则可以按照各房间的具体情况铺设。

4. 逆床铺（增强空间层次感）

在卧室中，木地板铺设方向通常选择和床的摆放方向相互垂直，以纵横交错的线条与纹理，填充空间的饱满度，增强空间的层次感。因为卧室不同于客厅要营造开阔延伸感，卧室需要私密感、安全感，不宜给人很强烈的纵深感。

地板的铺设如图 2-4-11～图 2-4-13 所示。

图 2-4-11　地板顺光线铺与顺长边铺的统一

图 2-4-12　地板顺长边铺

图 2-4-13　地板逆床铺设与顺光线铺的统一

5. 开门见缝（视野开阔）

开门见缝原则，也是木地板铺设方向选择的一种常用依据，即站在家门口向里看，看到的地板方向是与视线平行的。

五、木地板铺装形式及节点图识读

木地板的铺设有悬浮式铺装(平铺)和龙骨铺装(架空铺)两种。

1. 悬浮式铺装

悬浮式铺装方法适用于强化复合木地板和实木复合地板。通常是在地面上铺装专用防潮垫层(泡沫塑料衬垫),而后在地垫上将地板拼接成一体的铺装方法。

木地板悬浮式铺装如图 2-4-14 所示,木地板悬浮式铺装节点图如图 2-4-15 所示。

图 2-4-14　木地板悬浮式铺装

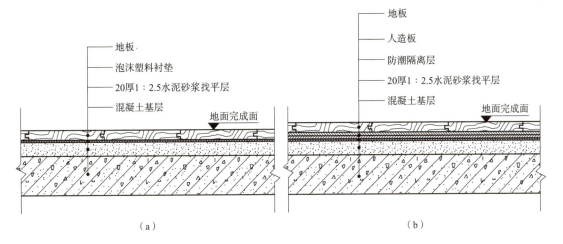

图 2-4-15　木地板悬浮式铺装节点图
(a)软垫层铺装;(b)人造板垫层铺装

2. 龙骨铺装

龙骨铺装法适用于实木地板与实木复合地板,地板只要有足够的抗弯强度,就能使用龙骨铺装方式。做龙骨的材料有很多,使用最为广泛的是木龙骨,其他还有塑料龙骨、铝合金龙骨等。

龙骨铺装法可分为单层铺装(图 2-4-16)和双层铺装两种形式。木地板龙骨铺装节点图如图 2-4-17 所示。

图 2-4-16　木地板龙骨铺装——单层铺装

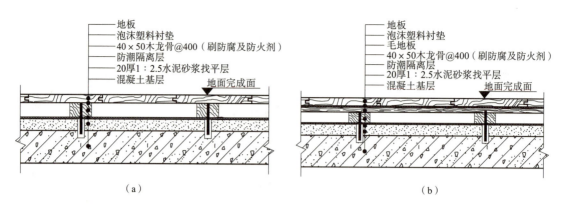

图 2-4-17　木地板龙骨铺装节点图

(a)单层铺装；(b)双层铺装

六、木地板铺装施工图的图示内容与方法

木地板铺装施工图主要由木地板铺装平面图及关键部位节点图组成。

木地板铺装平面图主要反映木地板铺装的平面形式、位置、尺寸规格、铺贴样式，以及表明地面装修工艺要求等必要的文字说明(图 2-4-18)。

木地板铺装关键部位节点图，是把在整图中无法表示清楚的局部部位单独绘制出来表现其具体构造的图纸(图 2-4-19)。

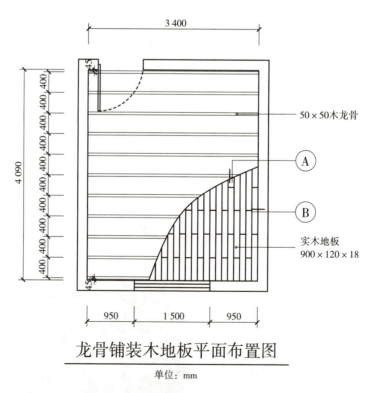

龙骨铺装木地板平面布置图

单位：mm

图 2-4-18　龙骨铺装木地板平面布置图

模块二 地面装饰装修施工图设计 099

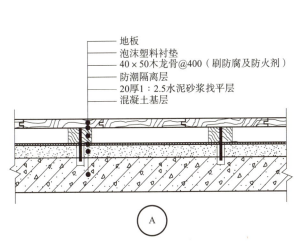
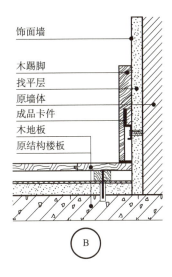

图 2-4-19 节点详图

任务实操训练

一、任务内容

本任务以某住宅餐厅木地板铺装为例，依据设计方案完成木地板铺装施工图设计，绘制木地板铺装平面布置图及相关节点图。

相关说明：

(1)设计方案效果如图 2-4-20～图 2-4-22 所示。

图 2-4-20 某住宅餐厅装饰设计(1)　　图 2-4-21 某住宅餐厅装饰设计(2)

(2)相关尺寸数据如图 2-4-23 所示。
(3)木地板选用实木复合地板,采用人字拼,木地板规格自定。

二、任务要求

(1)看懂国家标准图集《内装修—楼(地)面装修》(13J502-3)中"木地板铺装构造图"。
(2)掌握木地板的铺装构造及施工工艺。
(3)依据设计方案及国家标准图集,使用 CAD 软件正确绘制木地板铺装平面布置图及相关节点详图。
(4)图纸表达内容完整,制图规范,图面美观。

图 2-4-22 某住宅餐厅装饰设计(3)

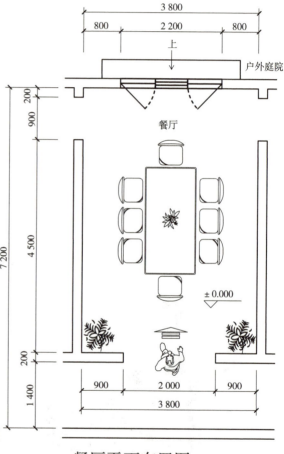

图 2-4-23 某住宅装饰设计餐厅平面布置图

扫码查看图 2-4-22

扫码查看图 2-4-23

任务五　石材地面铺装施工图设计与绘制

教学目标

了解常见石材性能及适用范围；掌握石材铺装施工图的图示内容与方法；常见石材地面铺装的构造做法；能够正确识读石材地面铺装施工图；能够正确绘制石材地面铺装施工图。

教学重点与难点

1. 常见石材地面铺装的构造做法。
2. 石材铺装施工图的图示内容与方法。
3. 石材地面铺装施工图的识读与绘制。

专业知识学习

在装饰材料中，天然石材属于比较高档的材料。在办公写字楼、酒店、商场等公共建筑室内装饰装修中，大厅、电梯出口、楼梯走廊、卫生间等地方，经常可以看到天然石材的应用；在住宅建筑室内装修中，客厅、卫生间的地面局部装饰上也常会用到天然石材，如波导线、地面图案拼花、踢脚、过门石，窗台板也常使用天然石材。

天然石材按照材质主要可分为大理石、花岗石、石灰岩、岩石、板岩等；按照花纹、颜色、产地分类，可以细分出若干种类，如中国啡网纹、中国草白玉、意大利金花米黄、印度黑金沙、西班牙蝴蝶红等。

地面铺装使用的石材为天然石材。其装饰作用表现在利用美丽的斑纹、花纹形状、颜色及通过各种组合铺贴形式表现其独特的艺术效果，丰富建筑空间装饰效果，展现装饰风格。

如图 2-5-1 所示为某酒店大厅地面石材铺装应用。

图 2-5-1　某酒店大厅地面石材铺装应用

一、常见石材性能及适用范围

饰面石材的装饰性能主要是通过色彩、花纹、光泽及质地肌理等反映出来。在应用设计选择品种时，还要考虑其可加工性、强度、色差大小、耐磨性、耐酸、耐腐蚀等因素。如色差大的品种就不宜做大面积的铺装，如强度低、耐磨性差的品种就不宜用在公共建筑人流量大的地面，如可加工性差的品种就不宜制作图案复杂的拼花。

关于天然石材品种的选用，应根据具体环境做具体分析而定，需要深入石材市场做充分调研和比对。

常见石材的性能特点及适用范围见表2-5-1。

表2-5-1 常见石材的性能特点及适用范围

品种	性能特点	适用范围	常见品种	燃烧性能等级
大理石	天然大理石质感柔和、美观庄重、花色繁多。化学稳定性较差，抗压强度较高，质地紧密，但硬度不大、不耐酸，不宜用于室外，属中硬石材	室内楼（地）面	汉白玉、雪花白、大花绿、木纹红、啡网纹、红线米黄、四川青花、红线玉等	A
花岗石	天然花岗石结构致密、质地坚硬、抗压强度大、空隙率小、吸水率低、导热快、耐磨性好、时久性高、抗冻、耐酸、耐腐蚀、不易风化，使用寿命长。天然花岗石自重大、质脆，耐火性差	室内楼（地）面	山西黑、芝麻白、冰花蓝、红钻、巴拿马黑、蓝珍珠、拿破仑红、白底黑花、绿星石、印度红等	A
砂岩	结构稳定、颗粒细腻、颜色丰富、无污染、无辐射、吸热、保温、防滑、耐磨度低	室内楼（地）面	黄木纹砂岩、水山纹砂岩、红砂岩、黄砂岩、白砂岩、青砂岩等	A

二、石材铺装施工图的图示内容与方法

石材铺装施工图主要由石材铺装平面图及关键部位节点图组成。

石材铺装平面图实质上是地面铺装图的局部和细部设计图纸，与地面铺装图是不可分割的一个整体，图纸的图示内容和方法与地面铺装图的要求是一致的，只不过更详细，可以在地面铺装图上细化，也可以单独绘制。石材铺装平面图主要反映石材铺装的平面形式、位置、尺寸规格、铺贴样式，以及表明地面装修工艺要求等必要的文字说明。

石材铺装关键部位节点图是把在整图中无法表示清楚的某一个部分（两个以上装饰面的汇交点）单独绘制出来表现其具体构造的图纸。

1. 石材楼（地）面构造图的图示内容与方法

石材楼（地）面构造图，在国家标准图集《内装修—楼（地）面装修》（13J502-3）中有石材楼面构造图、石材地面构造图、石材防水楼面构造图、石材防水地面构造图，如图2-5-2～图2-5-5所示。

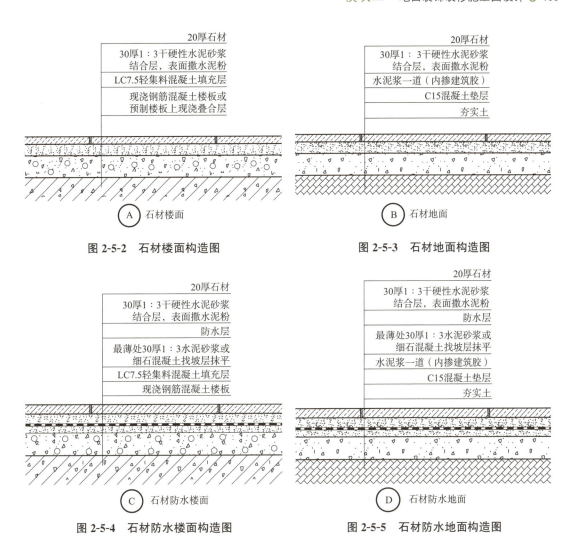

图 2-5-2 石材楼面构造图

图 2-5-3 石材地面构造图

图 2-5-4 石材防水楼面构造图

图 2-5-5 石材防水地面构造图

2. 过门石选用设计及构造图的图示内容与方法

过门石即石头门槛,又称门槛石,是解决内外高差、解决两种材料交接过渡、阻挡水、起美观等作用的一条石板。在室内装饰装修中,因不同房间内外地面装修材料做法不同,导致地面厚度不同,产生高差,故常用天然石材做地面装饰过渡,如客厅走廊与卫生间地面交接处(卫生间房门下)。过门石应用实例如图 2-5-6 所示。

卫生间室内侧,过门石一般比卫生间地面要略高 5~10 mm,略有阻挡水流作用即可(卫生间门口是找坡最高点,水流很少),一是美观;二是脚下尽量少磕绊;卫生间室外侧,过门石常与室外侧地面做成水平,如需高于室外侧地面,也不宜超过 20 mm,同上述道理差不多,一是美

图 2-5-6 过门石的应用实例

观;二是脚下尽量少磕绊;三是标准石材厚度通常为18～20 mm。

过门石材边角通常做"倒角",即磨一个斜边,同样是为了美观和方便。石材建议选用花岗石,花岗石材质比大理石硬,耐踏。如果有一侧地面(通常是卫生间室外侧)有石材地面拼花或石材地面圈边线,也可选用近似或相同材质,比较美观。

用作过门石的石材最好是完整的一块,每条过门石切忌两条等分铺设,即过门石有单中缝居中现象。如果受石材幅面限制不能是一整条,最好分三条,即先分一半,然后把余下一半再平均分两半,铺装时,两小条在两侧,一半的大条在中间。

图 2-5-7～图 2-5-12 所示为某卫生间过门石索引图及图中索引位置的 5 种过门石构造详图。

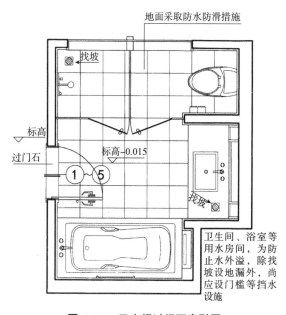

图 2-5-7 卫生间过门石索引图

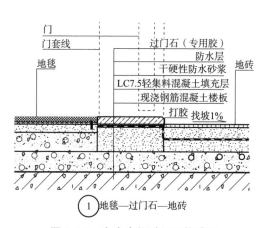

图 2-5-8 有水房间过门石构造图
(地毯—过门石—地砖)

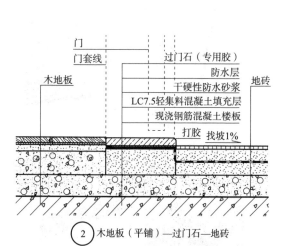

图 2-5-9 有水房间过门石构造图
[木地板(平铺)—过门石—地砖]

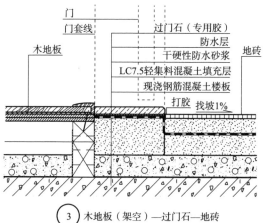

图 2-5-10 有水房间过门石构造图
[木地板(架空)—过门石—地砖]

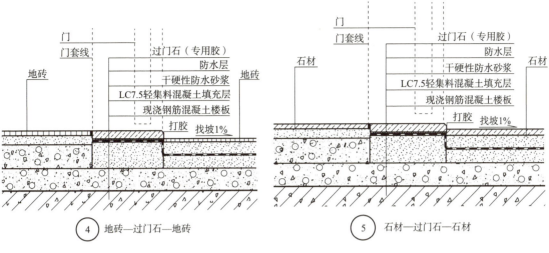

图 2-5-11　有水房间过门石构造图
（地砖—过门石—地砖）

图 2-5-12　有水房间过门石构造图
（石材—过门石—石材）

注：有高差过门石不适用于无障碍房间。

当过门石用于无水房间时，可将防水层去掉，将找坡层改成找平层。图 2-5-13 所示为过门石用于无水房间示例，图 2-5-14 所示为无水房间过门石构造图。

图 2-5-13　过门石用于无水房间示例

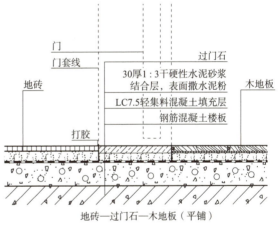

图 2-5-14　无水房间过门石构造图
[地砖—过门石—木地板（平铺）]

3. 石材踢脚构造图的图示内容与方法

石材踢脚比较耐用，具有防碰撞和防潮效果好、不会变形或开裂、易清洁等优点。石材踢脚一般用于地面材料为石材的空间。

踢脚高度一般为 80～150 mm，有特殊要求可加高或降低，石材、瓷砖墙饰面，可不做踢脚。

图 2-5-15 所示为常见的石材踢脚构造详图。

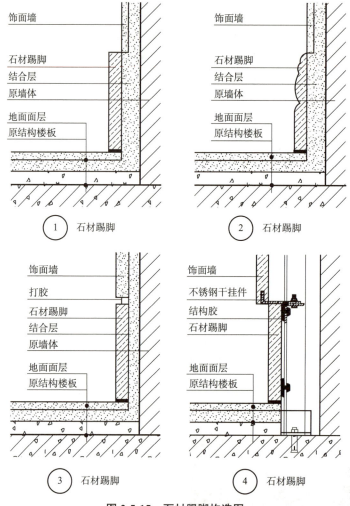

图 2-5-15　石材踢脚构造图

任务实操训练

一、任务内容

使用 CAD 软件抄绘石材地面节点详图,包括"石材楼面构造图、石材防水楼面构造图、有水房间过门石构造图[木地板(平铺)—过门石—地砖]、无水房间过门石构造图[地砖—过门石—木地板(平铺)]、石材踢脚构造图"。

二、任务要求

(1)看懂国家标准图集《内装修—楼(地)面装修》(13J502-3)中石材楼(地)面构造图、过门石构造图、石材踢脚构造图。

(2)掌握石材地面常用节点的构造做法。

(3)能使用 CAD 软件正确绘制石材楼(地)面节点详图。

(4)图纸表达内容完整,制图规范,图面美观。

任务六　地面不同装修材料交接部位施工图设计与绘制

教学目标

掌握不同材质地面交接处的处理方法；能够正确识读不同材质地面交接节点图；能够正确绘制不同材质地面交接节点图。

教学重点与难点

1. 不同材质地面交接处的处理方法。
2. 不同材质地面交接节点图的绘制方法。

专业知识学习

在室内地面铺装过程中，由于房间的功能和分区不同，地面铺装材料的选择就会有所不同。这样就避免不了不同材料交接处的设计处理问题(图 2-6-1)。

图 2-6-1　地面装饰不同材质的交接

一、常用收边构件

在地面铺装中，遇到不同铺装材料交接时，应该切实根据建筑的设计风格、装修档次、材料性质、构件形式等特性，对收边方式进行有考量的选择，达到与周边材料与造型协调的效果。常用的收边构件有木收边条、金属卡件、防滑橡胶条等，如图 2-6-2、图 2-6-3、图 2-6-4 所示。

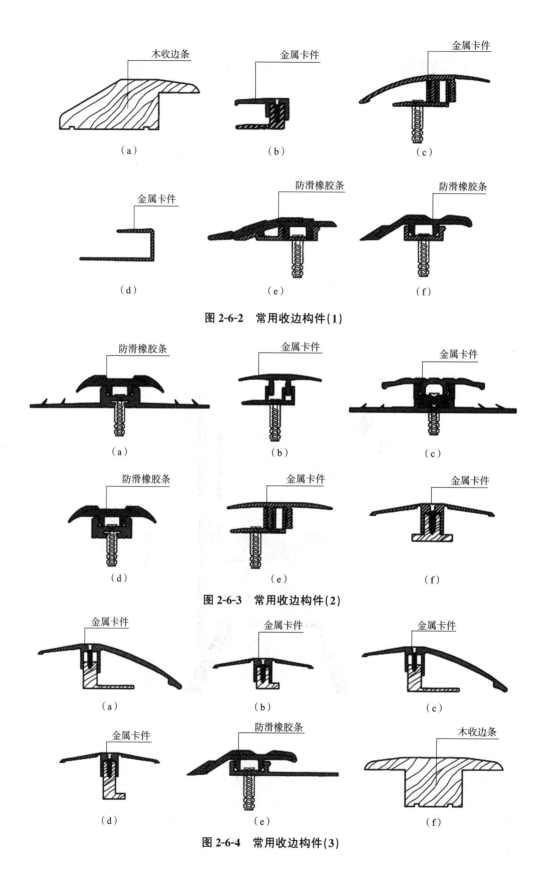

图 2-6-2 常用收边构件(1)

图 2-6-3 常用收边构件(2)

图 2-6-4 常用收边构件(3)

二、地面不同材料交接部位的设计处理

在装饰装修工程中，常见的地面不同材料交接有石材与实木地板交接、木地板与玻璃交接、木地板与地毯交接等多种形式，如图 2-6-5～图 2-6-9 所示。

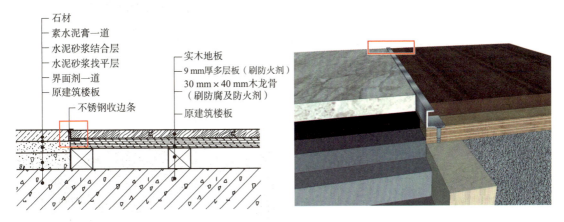

图 2-6-5　石材与实木地板金属嵌条收口

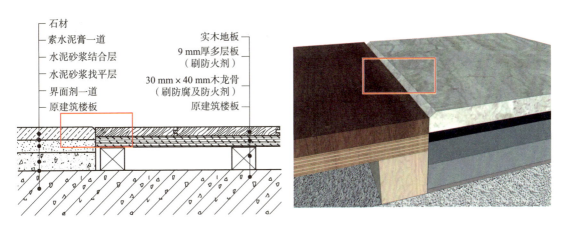

图 2-6-6　石材倒角与实木地板密拼收口

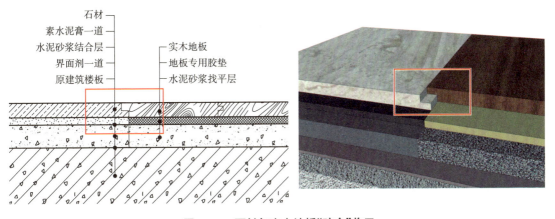

图 2-6-7　石材与实木地板"咬合"收口

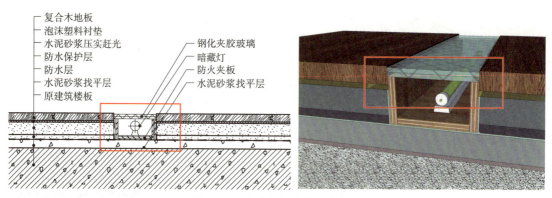

图 2-6-8　木地板与玻璃相接收口

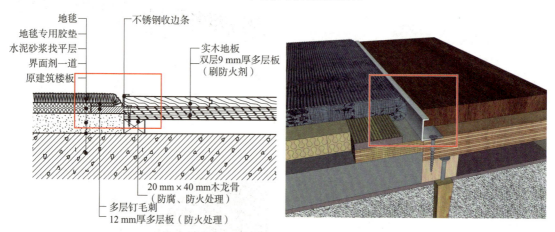

图 2-6-9　木地板与地毯嵌条收口

三、不同装修材料地面交接构造详图

不同装修材料地面交接构造详图，在国家标准图集《内装修—楼（地）面装修》(13J502-3)中有石材与木地板交接构造详图、石材与地砖交接构造详图、石材与地毯交接构造详图、地砖与木地板交接构造详图、地砖与地毯交接构造详图、地毯与木地板交接构造详图、地毯与地毯交接构造详图等，如图 2-6-10～图 2-6-20 所示。

四、不同材料地面交接部位施工图图示内容与方法

根据图 2-6-21～图 2-6-24，并结合国家标准图集《内装修—楼（地）面装修》(13J502-3)中的相关要求与说明，识读不同装修材料交接索引图平面及详图。

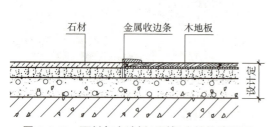

图 2-6-10　石材与木地板（平铺）交接构造详图

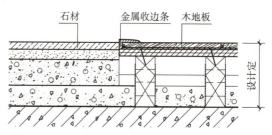

图 2-6-11　石材与木地板（架空铺）交接构造详图

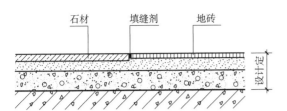
图 2-6-12 石材与地砖交接节点构造详图

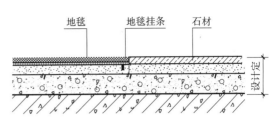
图 2-6-13 石材与地毯交接节点构造详图(1)

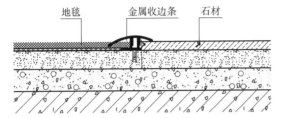
图 2-6-14 石材与地毯交接节点构造详图(2)

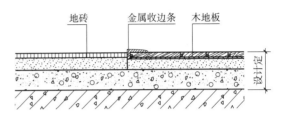
图 2-6-15 地砖与木地板(平铺)交接节点构造详图

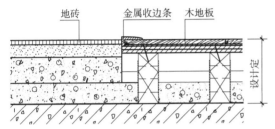
图 2-6-16 地砖与木地板(架空铺)交接节点构造详图

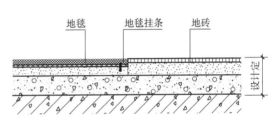
图 2-6-17 地砖与地毯交接节点构造详图

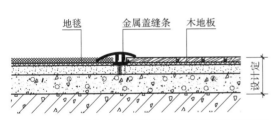
图 2-6-18 地毯与木地板(平铺)交接节点构造详图

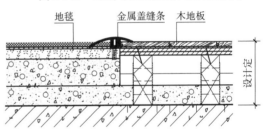
图 2-6-19 地毯与木地板(架空铺)交接节点构造详图

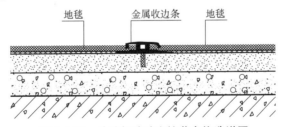
图 2-6-20 地毯与地毯交接节点构造详图

扫码查看图 2-6-21

扫码查看图 2-6-22

扫码查看图 2-6-23

扫码查看图 2-6-24

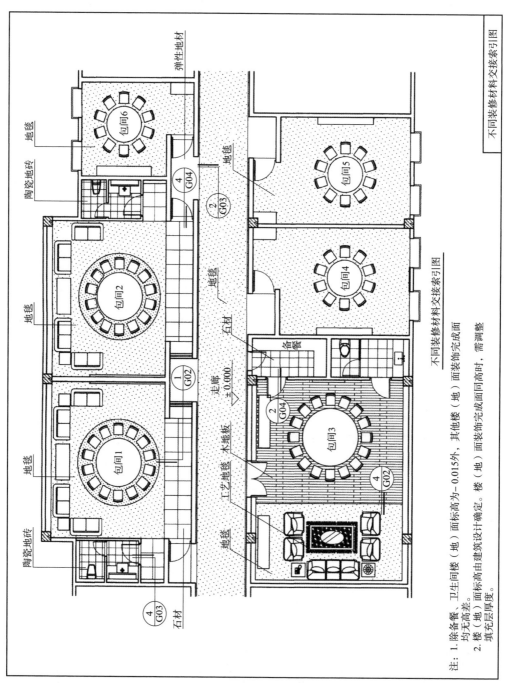

图 2-6-21 不同装修材料交接索引图

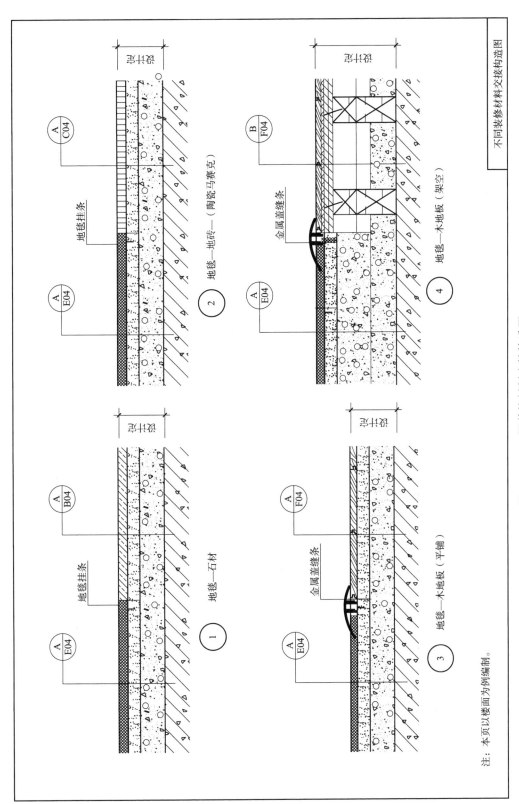

图 2-6-22 不同装修材料交接构造图1

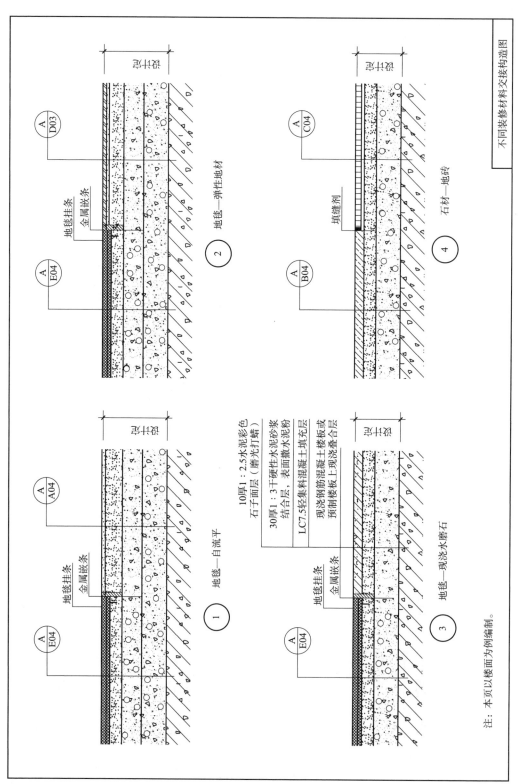

图 2-6-23　不同装修材料交接构造图2

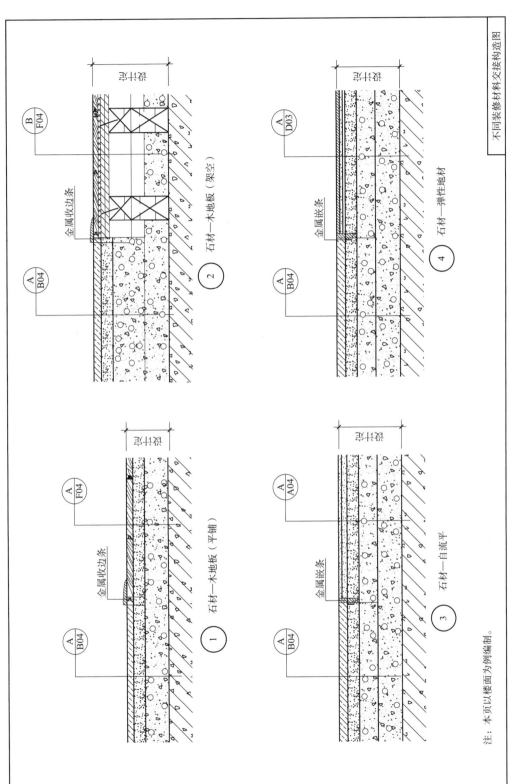

图 2-6-24 不同装修材料交接构造图 3

任务实操训练

一、任务内容

本任务以某住宅装饰装修项目为例,根据提供的平面布置图、地面铺装平面图,在地面铺装平面图上补充绘制地面不同装修材料交接索引,并绘制地面不同装修材料交接部位的构造详图。

相关说明:

(1)相关尺寸数据见平面布置图(图 2-6-25)、地面铺装平面图(图 2-6-26)。

(2)地砖规格 800 mm×800 mm,木地板规格自选。

二、任务要求

(1)看懂国家标准图集《内装修—楼(地)面装修》(13J502-3)中的不同装修材料交接构造图。

(2)能使用 CAD 软件规范地在地面铺装平面图上补充绘制地面不同装修材料交接索引。

(3)能使用 CAD 软件正确绘制不同装修材料地面交接部位构造节点详图。

(4)图纸表达内容完整,制图规范,图面美观。

模块二 地面装饰装修施工图设计 117

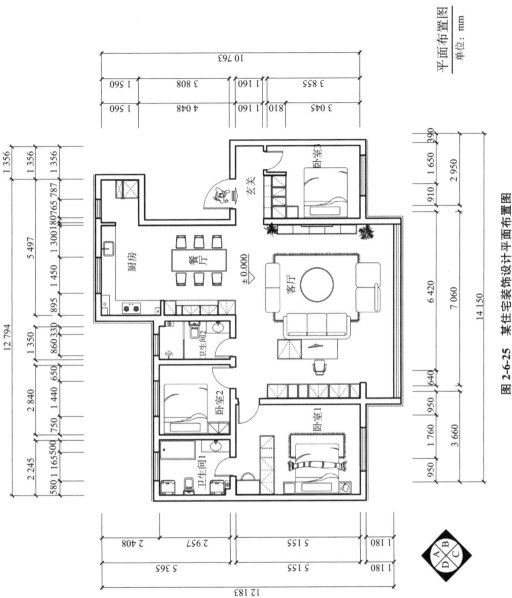

图 2-6-25 某住宅装饰设计平面布置图

扫码查看图 2-6-25

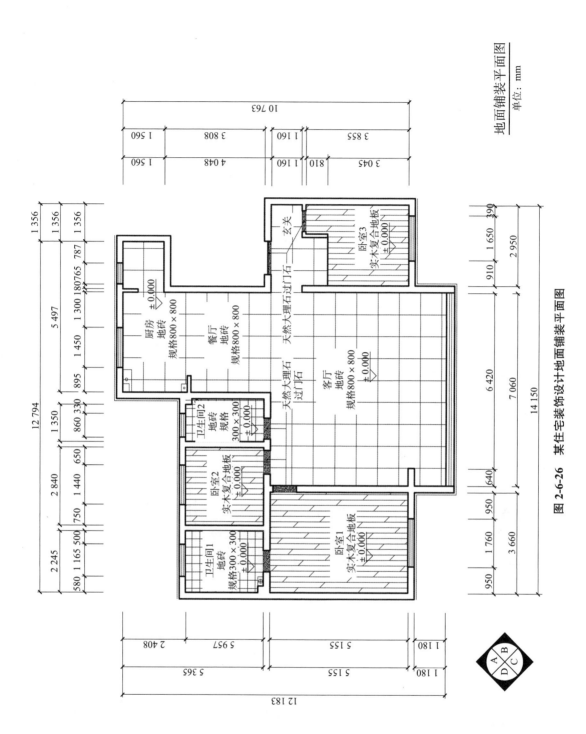

图 2-6-26 某住宅装饰设计地面铺装平面图

模块三　顶棚装饰装修施工图设计

任务一　顶棚平面图设计与绘制

教学目标

掌握顶棚平面图的图示内容及图示方法；掌握顶棚平面布置图、顶棚尺寸定位图、顶棚灯位布置图的图示重点；能够看懂顶棚平面图；能够根据设计方案绘制顶棚平面图。

教学重点与难点

1. 顶棚平面图的图示内容与方法。
2. 顶棚平面图的识读。
3. 绘制顶棚平面图的规范要求。

专业知识学习

一、顶棚平面图的图示内容

顶棚平面图也称天花平面图、天棚平面图或吊顶平面图。其主要反映室内各房间顶棚的造型样式、构造尺寸、标高、装饰材料应用，灯具的位置、数量、规格，以及在顶棚上设置的其他设备的情况等内容。

1. 顶棚平面图的图示内容与方法

（1）表明墙柱和门窗洞口位置，图示了墙柱断面和门窗洞口以后，仍要标注轴线尺寸、总尺寸。洞口尺寸和洞间墙尺寸可不必标出，这些尺寸可对照装饰平面布置图阅读。定位轴线和编号也不必全部标出，只在平面图四角部分标出，能确定它与装饰平面图的对应位置即可。顶棚平面图一般不图示门扇及其开启方向线，只图示门窗过梁底面。为区别门洞与窗洞，窗扇用一条细虚线表示。

（2）表明顶棚装饰造型的平面形式和尺寸，并通过附加文字说明其所用材料、色彩及工艺要求。顶棚的跌级变化应结合造型平面分区用标高来表示，所注标高是顶棚各构件底部距离地面的高度。

（3）表明顶部灯具的种类、式样、规格、数量及布置形式和安装位置。顶棚平面图上的小型灯具按比例用一个细实线圆表示，大型灯具可按比例画出它的正投影外形轮廓，力求简明概括，并附加文字说明。

(4)表明空调风口、顶部消防与音响设备等设施的布置形式与安装位置。

(5)表明墙体顶部有关装饰配件(如窗帘盒、窗帘等)的形式与位置。

(6)表明顶棚剖面构造详图的剖切位置及剖面构造详图的所在位置。

2. 顶棚平面图的细分

在实际设计工作中，仅仅想通过一张顶棚平面图去表达顶棚平面上的所有数据和信息，是无法表达详细、清楚的。为了更清楚、更详尽地表达设计方案，常将顶棚平面图细分为顶棚平面布置图、顶棚尺寸定位图、顶棚灯位布置图，用以表达专项的图示内容。

(1)顶棚平面布置图的图示重点。顶棚平面布置图主要用以表明顶棚的平面形状、平面尺寸、标高；安装在顶棚上的灯具类型、数量、规格、位置；吊顶材料、装饰做法和工艺要求等文字简要说明；安装在顶棚上的空调风口、排气扇、消防设施等设备设施的数量、规格、位置；顶棚剖面构造详图的所在位置(节点详图索引)，如图3-1-1所示。

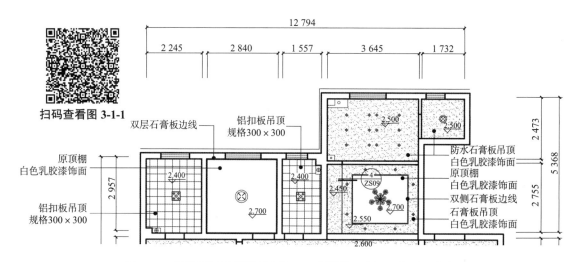

图 3-1-1　顶棚平面布置图(局部)——顶棚平面布置图的图示内容

(2)顶棚尺寸定位图的图示重点。顶棚尺寸定位图是用以专门表明顶棚造型尺寸定位的图，通过对吊顶样式的平面尺寸(长、宽)做详细标注，对吊顶高度尺寸(跌级变化标高)做详细标注，以便于工程量计算，便于施工时能依据尺寸放线、施工，如图3-1-2所示。

(3)顶棚灯位布置图的图示重点。顶棚灯位布置图专门用以图示顶棚灯具的定位，通过对灯具安装位置做详细的尺寸标准，以便于施工时能对灯具做准确的放线定位及安装。需要注意的是，标注灯具定位尺寸时，要从灯具的中心位置标注，且勿以图中灯具的外边界位置作为起点标注，因为图中的灯具图例仅为示例，尺寸大小不准确，与实物会存在较大的差异，以灯具的外边界位置作为起点标注会造成较大的误差，如图3-1-3所示。

模块三 顶棚装饰装修施工图设计 121

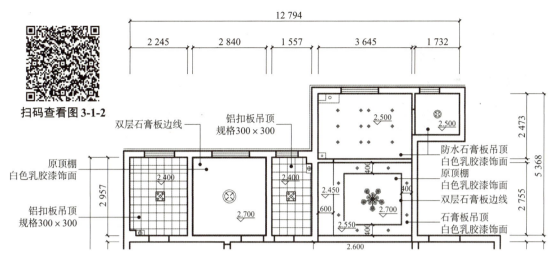

图 3-1-2 顶棚尺寸定位图（局部）——顶棚造型的尺寸定位

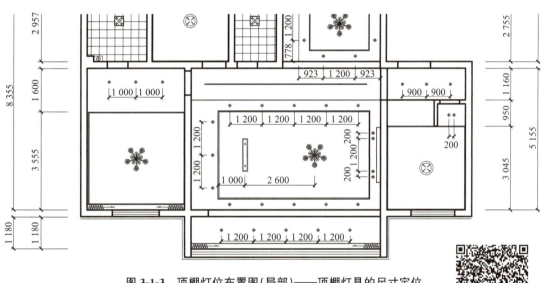

图 3-1-3 顶棚灯位布置图（局部）——顶棚灯具的尺寸定位

二、顶棚平面图识读

图 3-1-4～图 3-1-11 所示为某住宅装饰装修项目设计方案效果图，图 3-1-12 所示为该住宅的平面布置图，图 3-1-13 所示为顶棚平面布置图，图 3-1-14 所示为顶棚尺寸定位图、图 3-1-15 所示为顶棚灯位布置图。

根据设计方案效果图（图 3-1-4～图 3-1-11），并结合"平面布置图（图 3-1-12）"，识读顶棚平面布置图（图 3-1-13）、顶棚尺寸定位图（图 3-1-14）、顶棚灯位布置图（图 3-1-15）。

图 3-1-4　某住宅装饰设计方案效果图(1)

图 3-1-5　某住宅装饰设计方案效果图(2)

图 3-1-6　某住宅装饰设计方案效果图(3)

图 3-1-7　某住宅装饰设计方案效果图(4)

图 3-1-8　某住宅装饰设计方案效果图(5)

图 3-1-9　某住宅装饰设计方案效果图(6)

图 3-1-10　某住宅装饰设计方案效果图(7)

图 3-1-11　某住宅装饰设计方案效果图(8)

模块三 顶棚装饰装修施工图设计 123

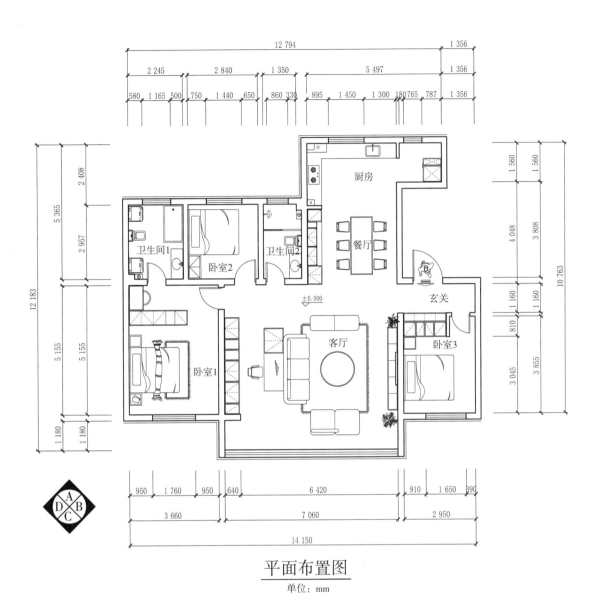

平面布置图
单位：mm

图 3-1-12 某住宅装饰设计平面布置图

扫码查看图 3-1-12

模块三 顶棚装饰装修施工图设计

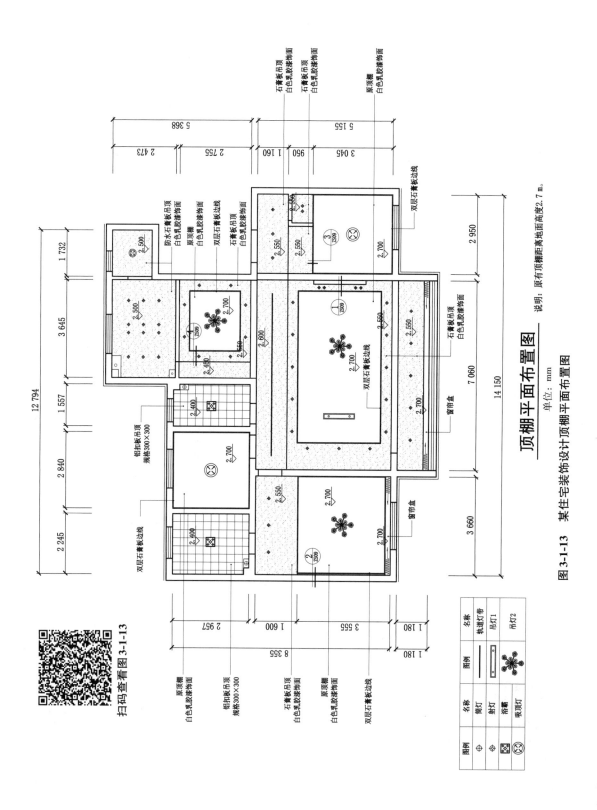

图 3-1-13 某住宅装饰设计顶棚平面布置图

模块三 顶棚装饰装修施工图设计 125

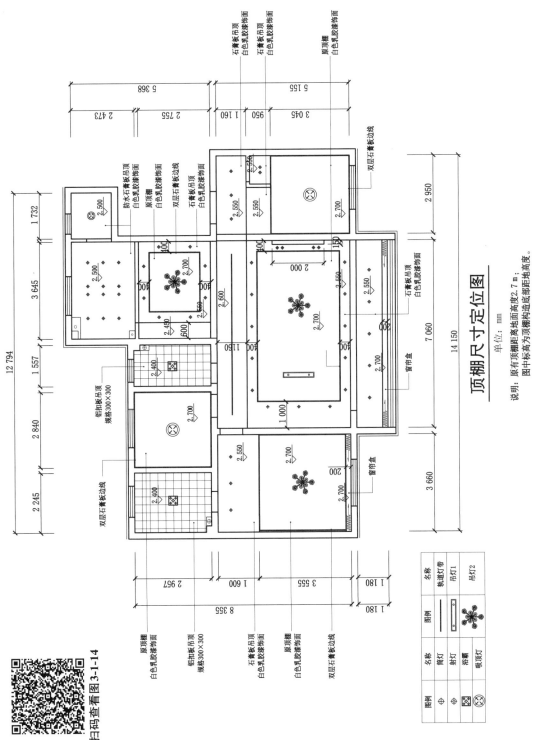

图 3-1-14 某住宅装饰设计顶棚尺寸定位图

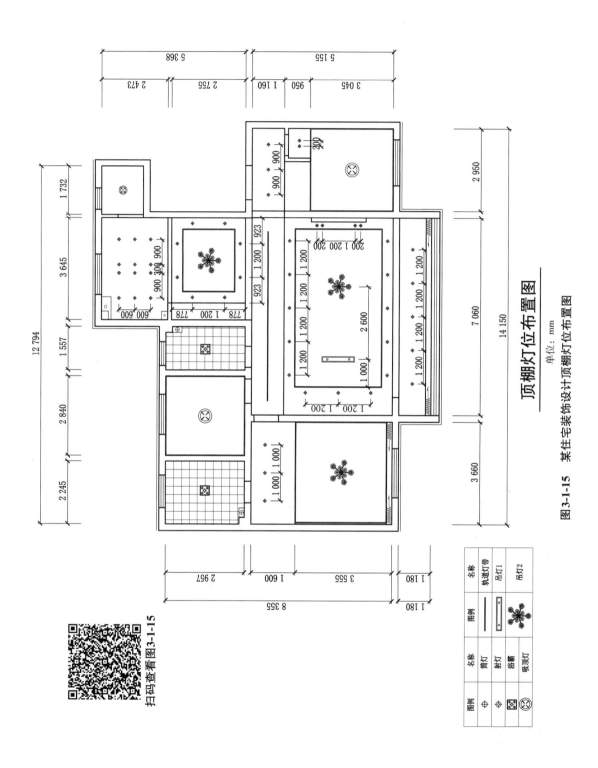

图3-1-15 某住宅装饰设计顶棚灯位布置图

任务实操训练

一、任务内容

本任务以某住宅装饰装修项目为例，根据提供的设计方案，使用CAD软件完成顶棚平面布置图、顶棚尺寸定位图、顶棚灯位布置图的设计与绘制。

相关说明：

(1) 设计方案效果如图3-1-16～图3-1-23所示。

(2) 相关尺寸数据如图3-1-24所示。

(3) 厨房、卫生间吊顶为铝扣板吊顶，铝扣板规格为300 mm(长)×300 mm(宽)。

图3-1-16　玄关设计方案效果图

图3-1-17　客厅装饰设计方案效果图(1)

图3-1-18　客厅装饰设计方案效果图(2)

图3-1-19　客厅装饰设计方案效果图(3)

图3-1-20　客厅装饰设计方案效果图(4)

图3-1-21　卧室装饰设计方案效果图(1)

图 3-1-22　卧室装饰设计方案效果图(2)　　图 3-1-23　卧室装饰设计方案效果图(3)

二、任务要求

(1)根据设计方案，使用 CAD 软件绘制顶棚平面布置图、顶棚尺寸定位图、顶棚灯位布置图。

(2)能较好地理解三维空间与二维平面的对应关系。

(3)掌握绘制顶棚平面布置图、顶棚尺寸定位图、顶棚灯位布置图的制图规范。

模块三 顶棚装饰装修施工图设计 129

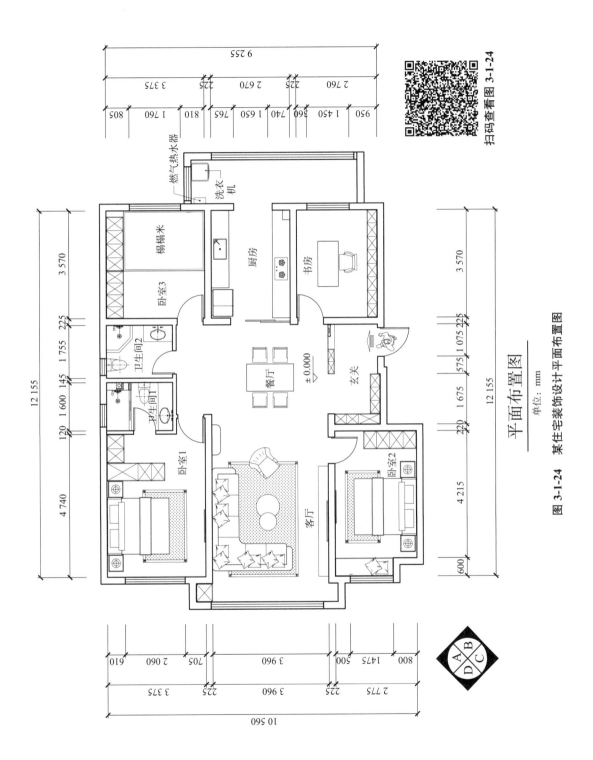

图 3-1-24 某住宅装饰设计平面布置图

任务二 石膏板吊顶施工图设计与绘制

教学目标

掌握轻钢龙骨纸面石膏板吊顶设计要点；掌握轻钢龙骨纸面石膏板吊顶的构造组成；了解吊顶轻钢龙骨及配件的种类及规格；能够结合国家标准图集《内装修—室内吊顶》（12J502-2），读懂轻钢龙骨纸面石膏板吊顶平面及节点详图；能够根据设计方案完成轻钢龙骨纸面石膏板吊顶平面及节点详图的设计与绘制。

教学重点与难点

1. 轻钢龙骨纸面石膏板吊顶的设计要点。
2. 轻钢龙骨纸面石膏板吊顶的组成。
3. 轻钢龙骨纸面石膏板吊顶平面及节点详图的识读。

专业知识学习

纸面石膏板与轻钢龙骨相结合，便构成轻钢龙骨纸面石膏板吊顶。纸面石膏板韧性好，不燃，尺寸稳定，表面平整，可以锯割，便于施工，主要用于吊顶、制作隔墙、内墙贴面等。

纸面石膏板具有质量小、隔声、隔热、加工性能强、施工方法简便的特点。纸面石膏板可分为普通、耐水、耐火和防潮四类。

轻钢龙骨纸面石膏板吊顶安装如图 3-2-1 所示，轻钢龙骨纸面石膏板吊顶在住宅建筑、办公建筑室内吊顶中的应用如图 3-2-2、图 3-2-3 所示。

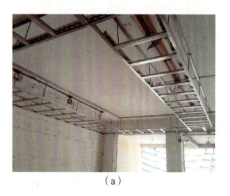 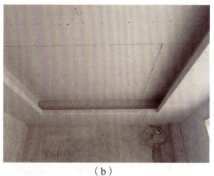

（a） （b）

图 3-2-1 轻钢龙骨纸面石膏板吊顶安装

(a)轻钢龙骨安装；(b)纸面石膏板面层安装

一、轻钢龙骨纸面石膏板吊顶设计要点

1. 主龙骨的设计布置规范

(1)固定主龙骨的吊杆，两根吊杆间距不应超过 1 200 mm。

图 3-2-2　某住宅客厅轻钢龙骨纸面石膏板吊顶　　图 3-2-3　某公司办公室轻钢龙骨纸面石膏板吊顶

(2)主龙骨间距不应超过 1 200 mm。

2. 次龙骨的设计布置规范

(1)次龙骨同主龙骨互相垂直布置。

(2)次龙骨一般间距为 400 mm，在潮湿环境下以 300 mm 为宜。

3. 横撑龙骨的设计布置规范

(1)根据设计要求，在次龙骨之间可安装横撑龙骨。

(2)横撑龙骨一般间距为 600 mm。

4. 石膏板的布置安装设计规范

(1)石膏板长向必须垂直次龙骨安装。

(2)相邻两张石膏板切断边应错开，不能形成通缝。

二、轻钢龙骨纸面石膏板吊顶的组成

轻钢龙骨纸面石膏板吊顶系统由纸面石膏板、主龙骨、次龙骨、横撑龙骨、边龙骨及安装辅配件(如吊杆、吊件等)组成，如图 3-2-4、图 3-2-5 所示。

不同的轻钢龙骨吊顶形式，其吊顶构造也不同。上人吊顶如图 3-2-6 所示，不上人吊顶如图 3-2-7 所示，吸顶式吊顶如图 3-2-8 所示。

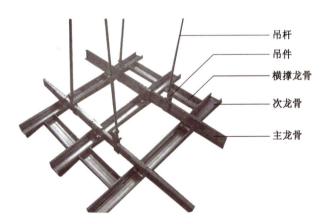

图 3-2-4　轻钢龙骨及安装辅配件

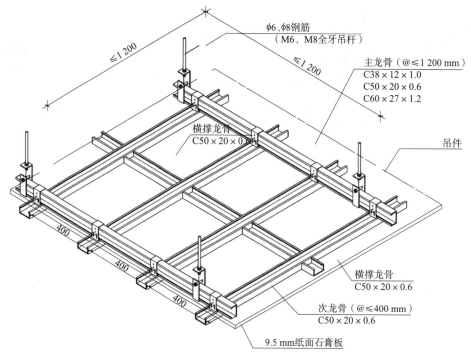

图 3-2-5 轻钢龙骨纸面石膏板吊顶构造组成

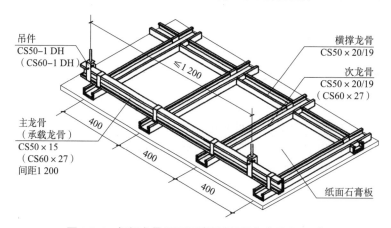

图 3-2-6 轻钢龙骨纸面石膏板吊顶(上人吊顶)示意

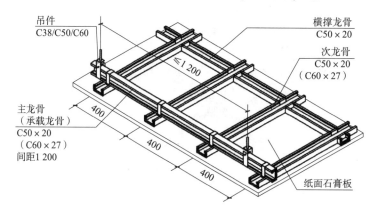

图 3-2-7 轻钢龙骨纸面石膏板吊顶(不上人吊顶)示意

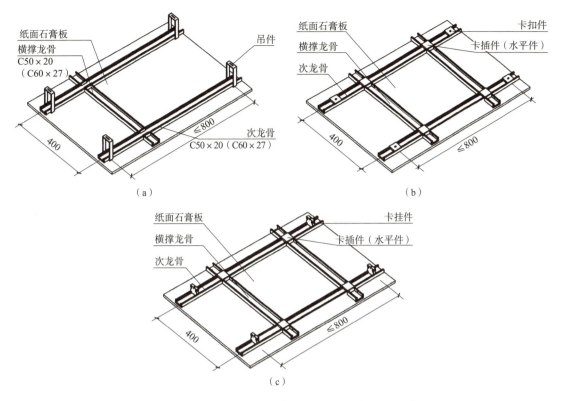

图 3-2-8 轻钢龙骨纸面石膏板吊顶(吸顶式吊顶)示意

轻钢龙骨及配件的规格型号见表 3-2-1。

三、石膏板吊顶施工图识读

根据图 3-2-9～图 3-2-15，并结合国家标准图集《内装修—室内吊顶》(12J502-2)，识读上人吊顶平面及详图、不上人吊顶平面及详图、吸顶式吊顶平面及详图、卡式龙骨吊顶平面及详图、跌级吊顶平面及详图。

扫码查看表 3-2-1　　扫码查看图 3-2-9　　扫码查看图 3-2-10　　扫码查看图 3-2-11

扫码查看图 3-2-12　　扫码查看图 3-2-13　　扫码查看图 3-2-14　　扫码查看图 3-2-15

表 3-2-1 吊顶轻钢龙骨及配件表 1

产品名称	适用范围	规格型号 图形	型号	尺寸/mm A	A'	B	B'	C	C'	T	长	备注
主龙骨（承载龙骨）	承载龙骨（不上人吊顶）		C38×12	38		12				1.0		吊顶骨架中主要受力构件
			C50×20	50		20				0.6	3 000	
			C60×27	60		27				0.6		
	承载龙骨（上人吊顶）		CS45×15	45		15				1.2		
			CS50×15	50		15				1.2	3 000	
			CS60×20	60		20				1.2		
			CS60×24	60		24				1.2		
			CS60×27	60		27				1.5		
次龙骨（横撑龙骨）	横撑龙骨骨架（上人、不上人）		C50×19	50		19				0.5		吊顶骨架中固定饰面板的构件。次龙骨通长布置，横撑龙骨与次龙骨在一个平面内垂直相交
			C50×20	50		20				0.6	3 000	
			C60×27	60		27				0.6		
			DF47	47		17				0.5		
收边龙骨	石膏板金属护边套		DU27	27	11	12 14 17						同样适用于硅酸钙板、纤维增强水泥加压板、无石棉纤维增强硅酸盐平板
			DU30	30	20	18 20 22 28					3 000	
边龙骨	收边用 F形边龙骨 L形边龙骨 W形边龙骨			30	20	23	25	50	19	0.6	3 000	—

续表

产品名称	适用范围	规格型号		尺寸/mm							备注
		图形	图	型号	A	A'	B	B'	C	C'	T	长	

产品名称	适用范围	图形	图	型号	A	A'	B	B'	C	C'	T	长	备注
V形直卡式承载龙骨	不上人承载骨架			DV20×37	20		37				0.8		吊顶主要受力骨架
				DV22×37	22		37				0.8	3 000	
				DV25×37	25		37				0.8		
直卡式造型用承载龙骨	不上人承载骨架			DV20×20	20		20				1.0		吊顶主要受力骨架，可内弯或外弯，经由机器或人工加工成造型弧度
				DV25×20	25		20				1.0	3 000	
				DV50×20	50		20				1.0		
吊件	用于不上人吊顶主龙骨		1	CK38	101	57	17	21	18		2		承载龙骨和吊杆的连接构件 图1，图2为卡挂件
			2	CSK50	123	69	20	21	18		2		
			2	CSK60	144	79	32	21	20		2		
			3	C38—DH	100	60	17	17	20		2.4		
			3	C38	81	59	18	21	20		2		
			3	C50	93	71	21	21	20		2		
			3	C60	103	81	31	21	20		2		
	用于上人吊顶主龙骨			CS50—DH	112	72	20	20	20		2.4		
				CS60—DH	122	82	29	29	20		2.4		
			3	CS50	113	78	24	30	25		3/2		
			3	CS60	130	88	35	40	20		3/2.5		
	用于不上人吊顶主龙骨			C-50	100		50		30		0.8		吸顶式吊挂，承受全部吊顶荷载
					122		52		35				
				C-60	100		60		30		0.8		
					122		62		35				

续表

产品名称	适用范围	规格型号			尺寸/mm						备注
		图形	图	型号	A	A'	B	B'	C	C'	T 长
挂件	用于不上人吊顶次龙骨		1	C50	39		20		20	48	0.8	横撑龙骨和承载龙骨之间的连接件
			1	C60	53		20		20	58	0.8	
				C38—2	50		23		54	45	0.8	
			3	C38—DC	53	20	38.7		33	48	0.75	
			2	C38	50		47.5				0.7	
			2	CS50	62.5		47.5				0.7	
	用于上人吊顶次龙骨		2	CS50—2	70		17		25	48	1.0	
			3	CS50—DC	65	20	41.7		33	48	0.75	
			2	CS60	72.5		47.5 57.5				0.8 0.7	
			3	CS60—DC	75	20	46.7		33 43	48 58	0.75	
连接件	用于吊顶主龙骨、次龙骨的连接（延长）		2	CS60—2	80 88		17		20	48 58	1.0	主龙骨和次龙骨的接长件
			1	C38—L	35		13		85		1.0	
			1	C38—C	40		13		100		1.0	
			2	C50—L	51		16		90		0.5	
				C60—L	62		25		100		0.5	
			2	CS50—L	47		16		85		1.2	
				CS50—C	52		16		100		1.2	
			3	CS60—L	57		22		120		1.5	
				CS60—C	62		26 29		100		1.2 1.5	

续表

产品名称	适用范围	规格型号		尺寸/mm							备注
		图形	型号	A	A'	B	B'	C	C'	T 长	
连接件	用于次龙骨的连接(延长)		C50	17		47		100		0.6	—
			C60	22		57		100		0.6	
吊杆	与吊件连接,承受全部荷载	钢筋吊杆 全牙吊杆	$\phi 4$								$\phi 4$、$\phi 6$ 钢筋用于不上人吊顶,$\phi 8$ 钢筋用于上人吊顶。当钢筋为通长套扣时也称为全牙吊杆,分别用 M6、M8 表示
			$\phi 6$、M6								
			$\phi 8$、M8								
转角连接件	角与楼板之间固定件		L钢	40		40		40		4	—
双扣卡挂件	用于承载龙骨和次龙骨的连接固定		CK38	47		15		54		0.8	也可用于单层龙骨吊顶,连接吊件与横撑龙骨
			CK50	59		18		54		0.8	
			CK60	69		30		54 64		0.8	
卡扣件	塑料吸顶吊件		CK50	11		50		50			—
	金属吸顶吊件		CK50	11		42		52			
			CK60	11		42		62			
挂插件(水平件)	平面连接次龙骨与横撑龙骨		C50	17 22		22 25		44 47		0.5	
			C60	22 25		22 25		54 57		0.5	

续表

产品名称	适用范围	规格型号		尺寸/mm					备注
		图形	型号	A A'	B B'	C C'	T	长	
卡插件（水平件）	平面连接次龙骨与横撑龙骨		C50	19.5	54	100			—
			C60	27.5	54	110			
快装水平连接件（水平件）	平面连接次龙骨与横撑龙骨		C50	8.5	54	90			—
			C60	8.5	64	90			
伸缩缝配件	吊顶伸缩缝			64 82				3 000	吊顶面积≥100 m²
平行接头	曲面吊顶接缝			30	10		0.6	2 400 3 000	—
阴线护角	边部收口		Z30	10 20	10		0.6	3 000	用于吊顶四周石膏板板边，也可用于硅酸钙板、纤维增强水泥加压板、无石棉纤维增强平板

注：1. 执行标准《建筑用轻钢龙骨》(GB/T 11981—2008)及《建筑用轻钢龙骨配件》(JC/T 558—2007)。
2. 表中所示轻钢龙骨及配件型号标注与厂家型号不同，选用时应以厂家型号为准。

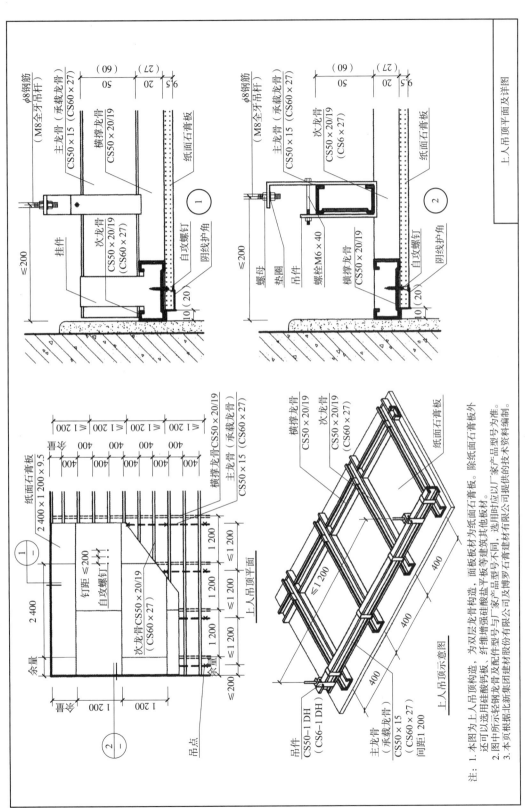

图 3-2-9 上人吊顶平面及详图

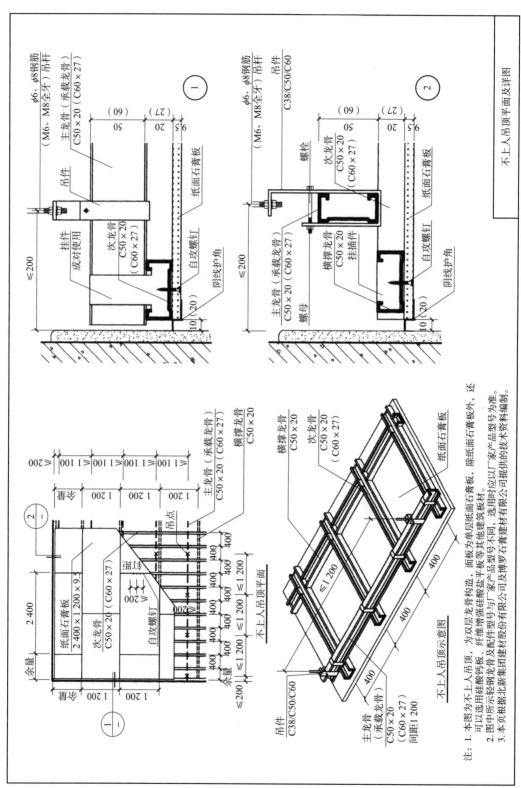

图 3-2-10 不上人吊顶平面及详图

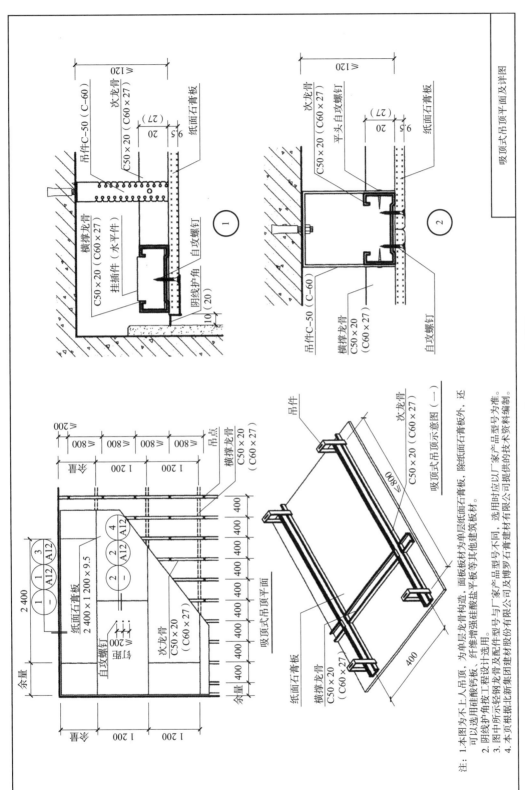

图 3-2-11 吸顶式吊顶平面及详图

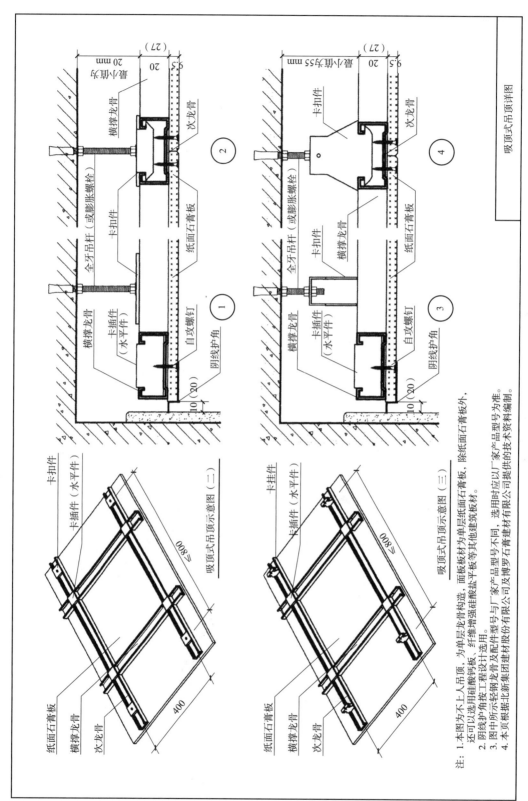

图 3-2-12 吸顶式吊顶详图

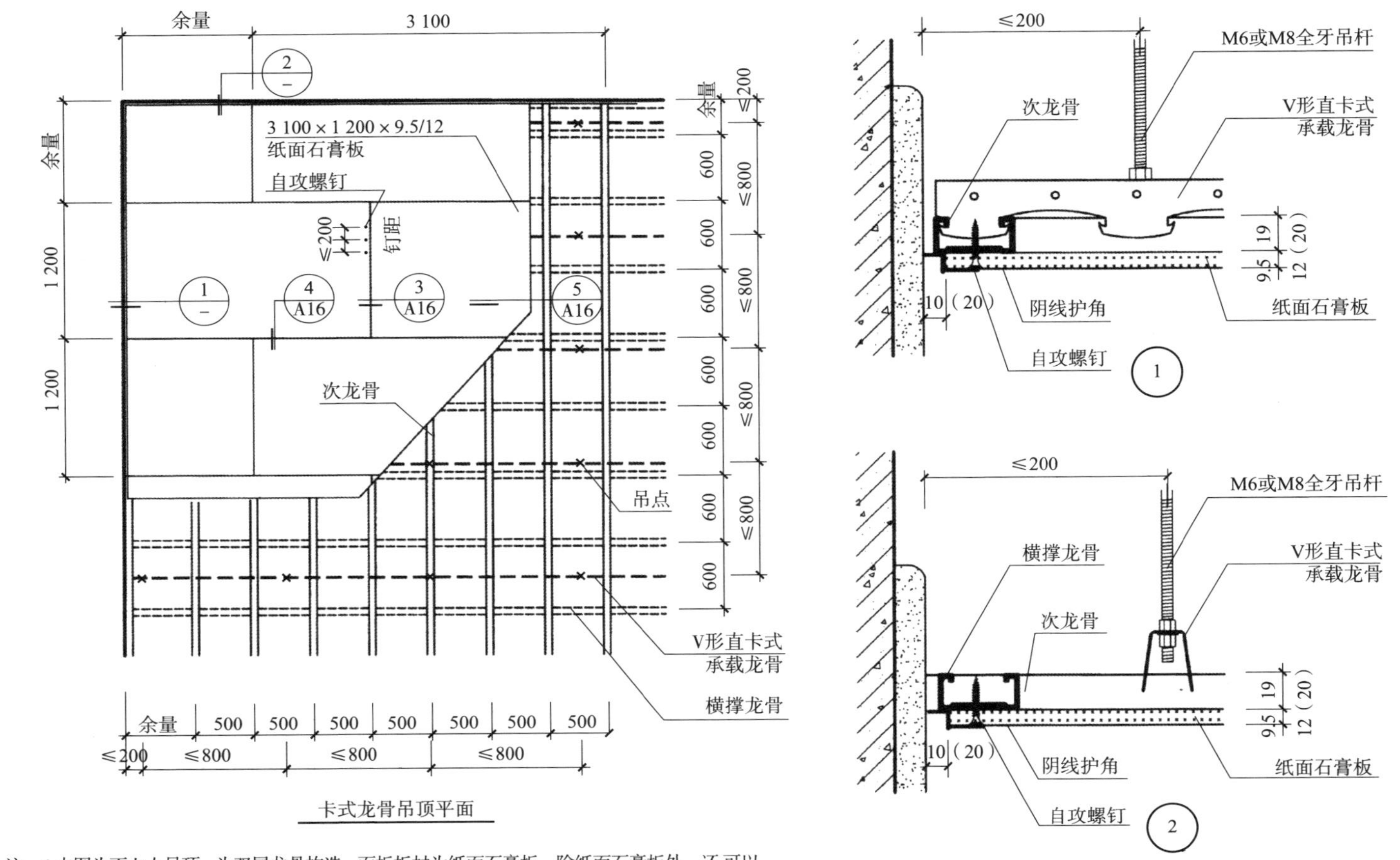

注：1.本图为不上人吊顶，为双层龙骨构造，面板板材为纸面石膏板。除纸面石膏板外，还可以选用硅酸钙板、纤维增强硅酸盐平板等建筑其他板材。
2. 图中所示轻钢龙骨及配件型号与厂家产品型号不同，选用时应以厂家产品型号为准。
3. 本页根据北新集团建材股份有限公司及博罗石膏建材有限公司提供的技术资料编制。

卡式龙骨吊顶平面及详图

图 3-2-13　卡式龙骨吊顶平面及详图

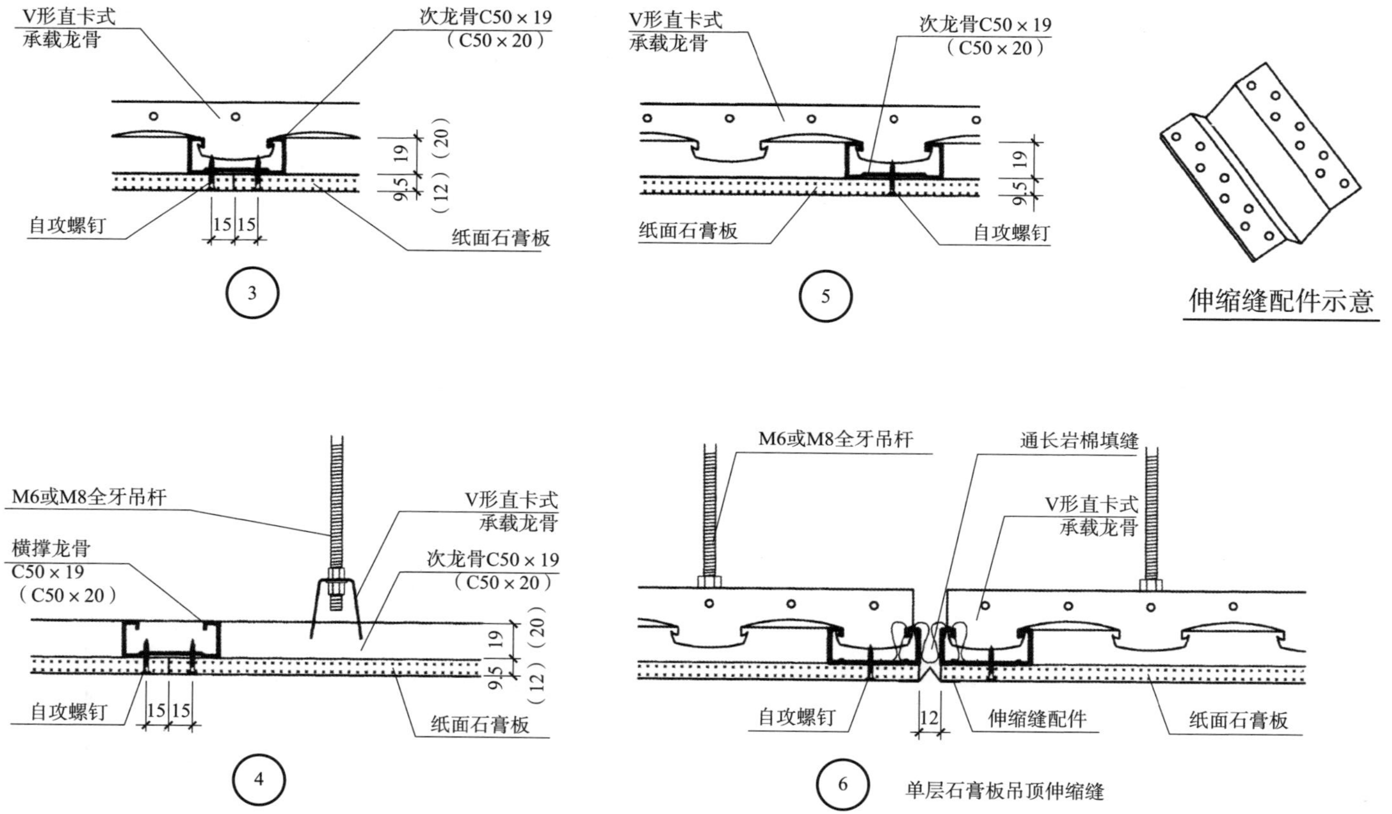

注：1. 图中所示轻钢龙骨及配件型号与厂家产品型号不同，选用时应以厂家产品型号为准。
2. 当轻钢龙骨石膏板吊顶≥100 m^2，宜设伸缩缝，做法详见大样⑥。
3. 本页根据北新集团建材股份有限公司及博罗石膏建材有限公司提供的技术资料编制。

卡式龙骨吊顶详图

图 3-2-14 卡式龙骨吊顶详图

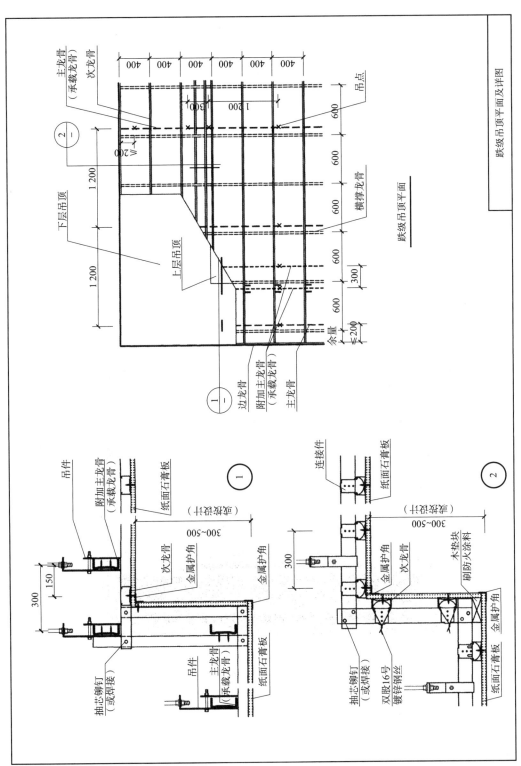

图 3-2-15 跌级吊顶平面及详图

任务实操训练

一、任务内容

本任务以某会议室轻钢龙骨纸面石膏板吊顶为例,完成不上人轻钢龙骨纸面石膏板吊顶平面及节点详图的绘制。

相关说明:
(1)设计方案效果如图 3-2-16 所示。
(2)相关尺寸数据如图 3-2-17、图 3-2-18 所示。

二、任务要求

(1)看懂国家标准图集《内装修—室内吊顶》(12J502-2)中的不上人轻钢龙骨纸面石膏板吊顶平面及节点详图。

(2)根据设计方案,使用 CAD 软件绘制会议室不上人轻钢龙骨纸面石膏板吊顶平面及节点详图,制图要规范。

(3)掌握龙骨及石膏板设计布置的要求及规范。

(4)掌握节点的构造组成及使用材料。

图 3-2-16　某会议室装饰设计方案效果图

扫码查看图 3-2-17

扫码查看图 3-2-18

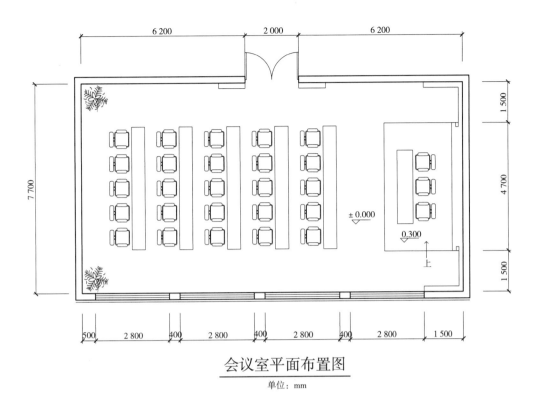

图 3-2-17 某会议室装饰设计平面布置图

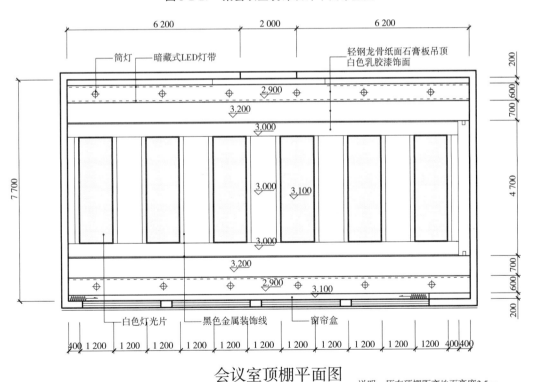

说明：原有顶棚距离地面高度3.5 m；
图中标高为顶棚构造底部距地高度；
筒灯安装间距为2 400 mm。

图 3-2-18 某会议室装饰设计顶棚平面图

任务三　铝扣板吊顶施工图设计与绘制

教学目标

了解铝扣板的种类及规格，掌握铝扣板吊顶的组成；掌握铝扣板吊顶龙骨的设计布置规范；能够结合国家标准图集《内装修——室内吊顶》(12J502-2)，看懂铝扣板吊顶平面及节点详图。能够根据设计方案完成铝扣板吊顶平面及节点详图的设计与绘制。

教学重点与难点

1. 铝扣板吊顶的组成。
2. 铝扣板吊顶龙骨的设计布置规范。
3. 铝扣板吊顶平面及节点详图的识读。

专业知识学习

一、铝扣板的种类及规格

铝扣板是以铝合金板材为基底，铝扣板表面使用各种不同的涂层加工得到各种铝扣板产品。铝扣板质地轻、耐用，具有良好的防火、防潮、易清洁、抵御油烟、使用寿命长、易于安装和拆装、方便吊顶内部维修等多种优良特性，既能达到很好的装饰效果，又具备多种功效，因此深受消费者的欢迎。

铝扣板吊顶属于金属板吊顶，市场上的铝扣板根据材质划分为三类：第一类为铝镁合金，同时含有部分镁，该材料最大的优点是抗氧化能力好，同时因为加入适量的镁，在强度和刚度上有所提高，是吊顶的最佳材料；第二类为铝锰合金，该板材强度与刚度略优于铝镁合金，但抗氧化能力略有不足；第三类为铝合金，该板材所含锰、镁较少，所以其强度及刚度均明显低于铝镁合金和铝锰合金，抗氧化能力一般。

根据应用场所的不同，铝扣板主要分为两种类型：一种是家装集成铝扣板，适用于厨房和卫生间中；另一种则是工程装饰铝扣板，广泛用于公共建筑的各种场所吊顶。由于铝扣板采用模具冲压成型，所以其规格尺寸受限于模具，家庭装修常规规格有 300 mm×300 mm、400 mm×400 mm、300×600 mm；工程装饰常规规格有 600 mm×600 mm、800 mm×800 mm、300 mm×1 200 mm、600 mm×1 200 mm 等。

铝扣板根据面板形状分类，主要有条板、块板和异形板。

二、铝扣板吊顶的组成

铝扣板吊顶系统由金属面板、龙骨及安装辅配件（如面板连接件、龙骨连接件、安装扣、调校夹等）组成。其构造做法如图 3-3-1、图 3-3-2 所示。

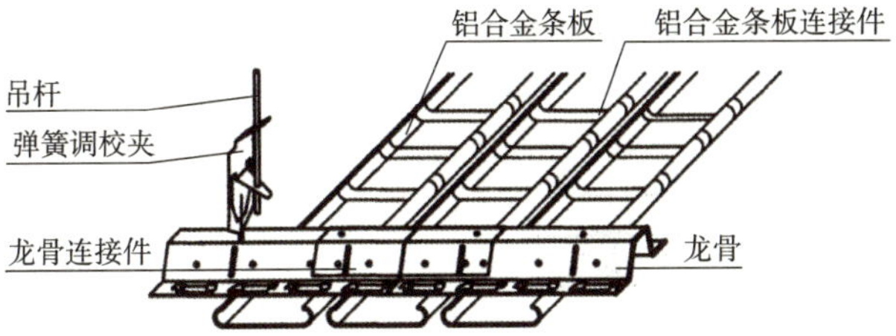

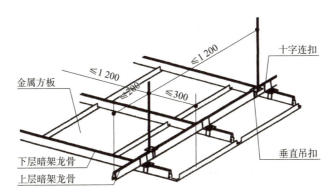

图 3-3-1 铝扣板(条板)吊顶示意

图 3-3-2 铝扣板(块板)吊顶示意

三、常见标准板型号及配套龙骨

条状吊顶板型号及配套龙骨(包括弧形条状板吊顶)见表 3-3-1;块状吊顶型号及配套龙骨见表 3-3-2。

表 3-3-1 条状吊顶板型号及配套龙骨表

序号	产品型号	剖面图	配套龙骨
1	84 宽 C 形条板		84C 型龙骨 条板龙骨等
2	84 宽 R 形 (R 形弧形)条板		V 系列龙骨/弧形龙骨/可变曲龙骨 (配合弧形钢基架)、无钩齿龙骨(配合蝶形夹)等
3	30/80/130/180 宽 多模数 B 形条板 30BD 形 30 宽条板		多模数 B 形龙骨、可变曲龙骨(配合弧形钢基架)、 无钩齿龙骨(配合蝶形夹)等
4	75C/150C/225 宽 C 形条板		75C/150C/225C 条板形龙骨
5	300 宽 C 形条板		吊架式龙骨、暗架式龙骨、 吊扣、垂直吊扣等
6	300 宽弧形条板		暗架/吊架龙骨、暗架专用卡件、离缝卡件、 防风夹、螺钉固定夹、吊扣、垂直吊扣等
7	150/200 条板		150/200 龙骨、150/200 螺钉固定夹、U 形防风扣等

表 3-3-2　块状吊顶板配套龙骨表

序号	安装方式	剖面图	配套龙骨
1	暗架式		暗架龙骨、十字连扣、旋转十字连扣、吊扣、垂直吊扣等
2	明架式		T形龙骨、专用吊件等
3	勾挂式		Z形龙骨、L形基脚钢、Z形防风扣等
4	网架式		C形网架吊板、吊板连接件、墙身固定件、C形网架吊板、十字连扣、L形基脚钢等

四、铝扣板吊顶龙骨的设计布置规范

(1)吊顶的边龙骨应安装在房间四周围护结构上，下边缘与吊顶标高线平齐，并按照墙面材料的不同选用射钉或膨胀螺栓等固定，固定间距宜为 300 mm，端头宜为 50 mm。

(2)龙骨与龙骨间距不应大于 1 200 mm。

(3)单层龙骨吊顶，龙骨至板端不应大于 150 mm。

(4)双层龙骨吊顶，边部上层龙骨与平行的墙面间距不应大于 300 mm。

(5)吊顶的设备开孔处应附加龙骨予以加固。

五、方形铝扣板吊顶施工图识读

根据图 3-3-3，并结合国家标准图集《内装修—室内吊顶》(12J502-2)，识读明架式金属方板吊顶平面及节点详图。

扫码查看图 3-3-3

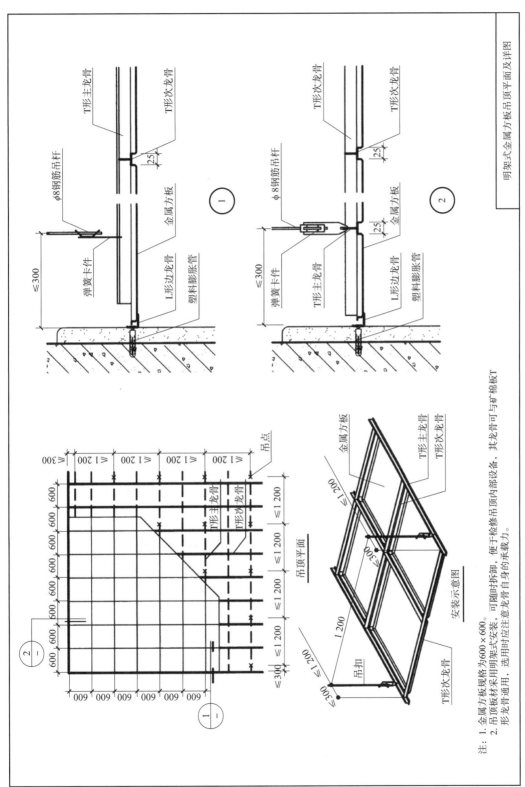

图 3-3-3 明架式金属方板吊顶平面及详图

任务实操训练

一、任务内容

本任务以某住宅厨房、卫生间暗架式方形铝扣板吊顶为例,完成暗架式方形铝扣板吊顶平面及节点详图的设计与绘制。

相关说明:

(1)设计方案效果如图 3-3-4、图 3-3-5 所示。

(2)相关尺寸数据如图 3-3-6、图 3-3-7 所示。

(3)吊顶板材采用暗架式安装。

二、任务要求

(1)看懂国家标准图集《内装修—室内吊顶》(12J502-2)中的明架式金属方板吊顶平面及节点详图。

(2)根据设计方案,使用 CAD 软件绘制厨房、卫生间暗架式方形铝扣板吊顶平面及节点详图,制图要规范。

(3)掌握龙骨及铝扣板设计布置的要求及规范。

(4)掌握节点的构造组成及使用材料。

图 3-3-4　某住宅厨房装饰设计方案效果图

图 3-3-5　某住宅卫生间装饰设计方案效果图

扫码查看图 3-3-5

扫码查看图 3-3-6

扫码查看图 3-3-7

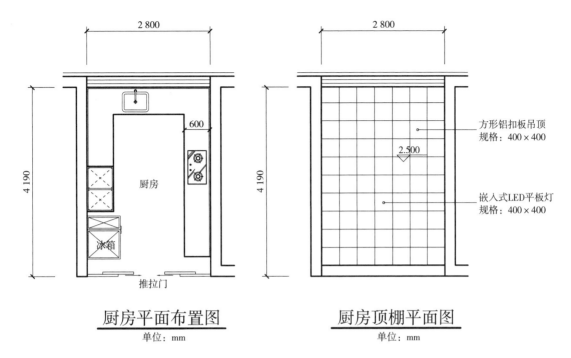

说明:
(1) 原有顶棚距离地面高度2.7 m;
(2) 图中标高为顶棚构造底部距地高度。

图 3-3-6 某住宅厨房装饰设计和布置图

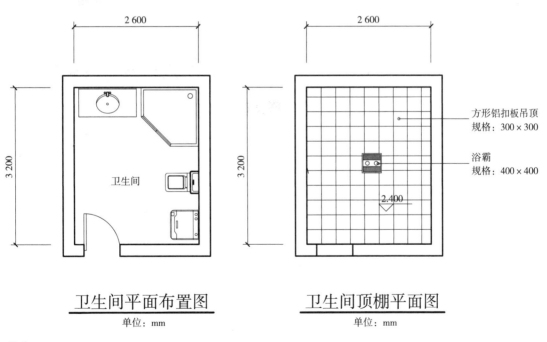

说明:
(1) 原有顶棚距离地面高度2.7 m;
(2) 图中标高为顶棚构造底部距地高度。

图 3-3-7 某住宅卫生间装饰设计施工布置图

任务四 矿棉吸声板吊顶施工图设计与绘制

教学目标

了解矿棉吸声板（简称矿棉板）的规格与边头形式；掌握矿棉吸声板吊顶的组成；掌握矿棉吸声板吊顶设计要点；能够结合国家标准图集《内装修—室内吊顶》(12J502-2)，看懂矿棉吸声板吊顶平面及节点详图，能够根据设计方案完成矿棉吸声板吊顶平面及节点详图的设计与绘制。

教学重点与难点

1. 矿棉吸声板吊顶的组成。
2. 矿棉吸声板吊顶设计要点。
3. 矿棉吸声板吊顶平面及节点详图的识读。

专业知识学习

矿棉吸声板，顾名思义，就是用矿棉做成的装饰用的板，具有显著的吸声性能。矿棉吸声板具有优良的防火、吸声、隔热性能，由于其密度低，可以在表面加工出各种精美的花纹和图案，因此具有优越的装饰性能，主要应用于公共建筑室内吊顶，如会议厅、图书馆、医院、写字楼、生产车间等有吸声要求的场所。如图 3-4-1 所示为矿棉吸声板顶棚。

图 3-4-1　矿棉吸声板顶棚

一、矿棉吸声板品种、规格与边头形式

根据矿棉板裁口方式、板边形状的不同，有复合粘贴、暗插、明架、明暗结合等灵活的吊装方式。矿棉板吊顶还可以与纸面石膏板或金属板吊顶形成多种组合吊顶形式。矿棉板品种、规格与边头形式详见表 3-4-1。

二、矿棉吸声板吊顶的组成

矿棉吸声板吊顶系统由矿棉板、龙骨（主龙骨、次龙骨、边龙骨）及安装辅配件（如吊杆、垂直吊挂件、纵向连接件、平面连接件等）组成。其构造做法如图 3-4-2 和图 3-4-3 所示。明架矿棉板吊顶主要配件见表 3-4-2。

表 3-4-1 矿棉板品种、规格与边头形式

类型	板材品种	规格/mm	边头形状
复合粘贴矿棉板	复合平贴矿棉板	300×600×9/12/13/14/15/18	
	复合插贴矿棉板	300×600×9/12	
明架矿棉板	平板系列	300×600×9/12/13/14/15/18 300×1 200×15/18 300×1 500×15/18 300×1 800×15/18 300×2 100×18 300×2 400×18 600×600×12/13/14	
	厚板	600×600×15/18	
	深立体	600×600×24	
	特殊板系列	400×1 200×13/15 600×600×15 600×1 200×15	
	明架跌级板系列	300×1 200×15/18 600×600×12/13/14/15/18 600×1 200×15/18	
暗架矿棉板	不可开启式暗架矿棉板	300×300×13 300×600×13/15/18/19 600×600×12/13/14/15/18 600×1 200×12/13/15/18	

续表

类型	板材品种	规格/mm	边头形状
暗架矿棉板	开启式暗架矿棉板	300×300×13 300×600×13/15/18/19 600×600×12/13/14/15/18 300×1 200×15/18 400×1 200×13/15/18 600×1 200×13/15/18	
明暗架矿棉板	平板系列	300×1 200×15/18 400×1 800×15/18 400×1 200×15/18	

注：1. 矿棉板的四边必须搭在龙骨上。
2. 矿棉板的长度在确定的状态下，其宽度不能超过 610 mm。
3. 龙骨选择应符合国家标准《建筑用轻钢龙骨》(GB/T 11981—2008)的要求。

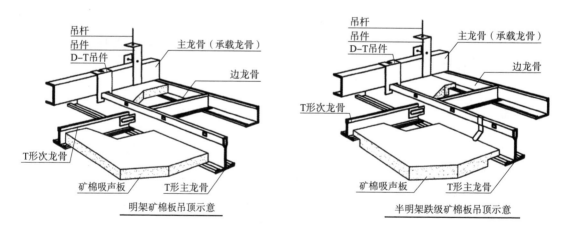

图 3-4-2　明架(半明架)矿棉板吊顶示意

图 3-4-3　明架(半明架)矿棉板板头形式示意

表 3-4-2　明架矿棉板吊顶主要配件表

名称	主件	配件	
		垂直吊挂件	纵向连接件
主龙骨（承载龙骨）	CS38/CS50/CS60	38/50/60 吊件	50/60 及 H 形接件
T 形主龙骨	T 形轻钢烤漆主龙骨	38H/50H/60H 卡钩或 D-T 接件、吊件	—
次龙骨	T 形轻钢烤漆次龙骨	—	—
边龙骨	烤漆边龙骨	—	—
矿棉板	300×600×9/12/13/14/15/18 300×1 200×15/18 300×1 500×15/18 300×1 800×15/18 600×600×12/13/14/15/18	300×2 100×18 300×2 400×18 400×1 200×13/15 600×1 200×15/18	

三、矿棉吸声板吊顶设计要点

(1) 设计顶平面的分块及龙骨分布时，吊顶设计排线分割由中间向两边延伸。一般情况下宜以矿棉板居中放线。

(2) 吊顶系统的稳定牢固至关重要，因此，主龙骨、T 形主龙骨、T 形次龙骨的组合搭配及配件一定要适配成系统，设计时可参照国家标准图集《内装修—室内吊顶》(12J502-2) 矿棉吸声板吊顶龙骨系列表。

(3) 矿棉板吊顶是轻型吊顶，但根据使用情况分为上人吊顶和不上人吊顶两种。由于矿棉板可以托起，不需上人即可检修，主龙骨通常采用 C38，吊杆一般采用 $\phi 6$ 钢筋吊杆或 M6 全牙吊杆及相应吊件。吊顶如需上人检修，必须考虑 80 kg 的集中荷载，主龙骨需要采用 CS50 或 CS60 及相应配件，吊杆采用 $\phi 8$ 钢筋吊杆或 M8 全牙吊杆。直接吊装时可采用 12 号镀锌钢丝。

(4) 质量超过 3 kg 的灯具、水管和有振动的电扇、风道等，则需要直接吊挂在结构顶板或梁上，不得与吊顶系统相连。

(5) 固定主龙骨（承载龙骨）的吊杆，两根吊杆间距不应超过 1 200 mm。

(6) 主龙骨（承载龙骨）间距不应超过 1 200 mm。

四、矿棉吸声板吊顶施工图识读

根据图 3-4-4～图 3-4-6，并结合国家标准图集《内装修—室内吊顶》(12J502-2)，识读明架矿棉板不上人吊顶平面及节点详图。

扫码查看图 3-4-4

扫码查看图 3-4-5

扫码查看图 3-4-6

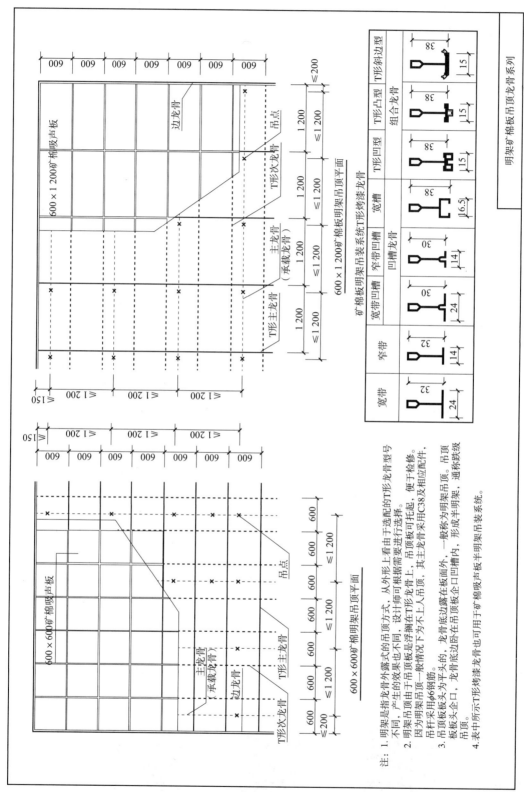

图 3-4-4 明架矿棉板吊顶龙骨系列

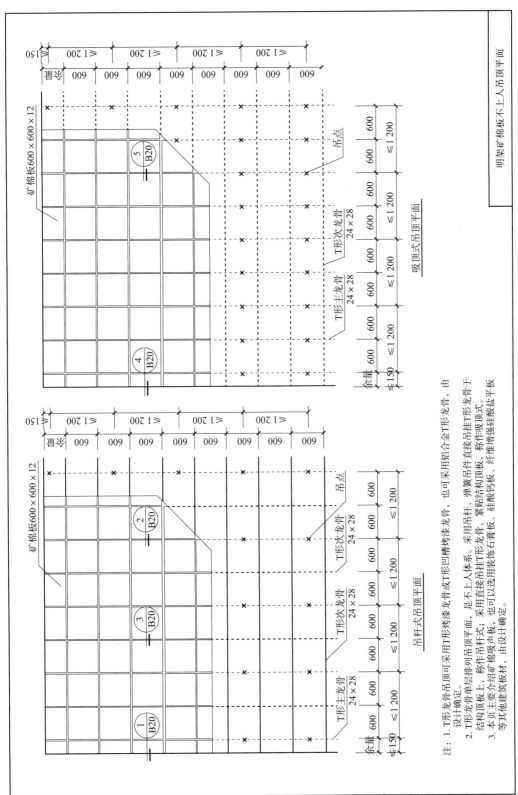

图 3-4-5 明架矿棉板不上人吊顶平面

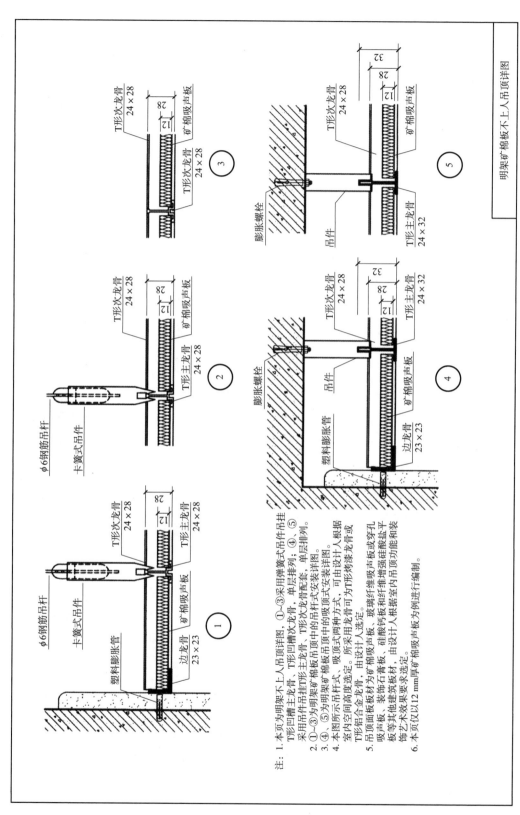

图 3-4-6 明架矿棉板不上人吊顶详图

> 任务实操训练

一、任务内容

本任务以某办公室明架矿棉板吊顶为例,完成明架矿棉板吊顶平面及节点图的设计与绘制。

相关说明:

(1)设计方案效果如图 3-4-7 所示。

图 3-4-7 某办公室装饰设计方案效果图

(2)相关尺寸数据如图 3-4-8、图 3-4-9 所示。

(3)矿棉板规格为 600 mm×600 mm。

扫码查看图 3-4-7

二、任务要求

(1)看懂国家标准图集《内装修—室内吊顶》(12J502-2)中的矿棉吸声板吊顶平面及节点详图。

(2)根据设计方案,使用 CAD 软件绘制某办公室明架矿棉板吊顶平面及节点详图,制图要规范。

(3)掌握龙骨及矿棉板设计布置的要求及规范。

(4)掌握节点的构造组成及使用材料。

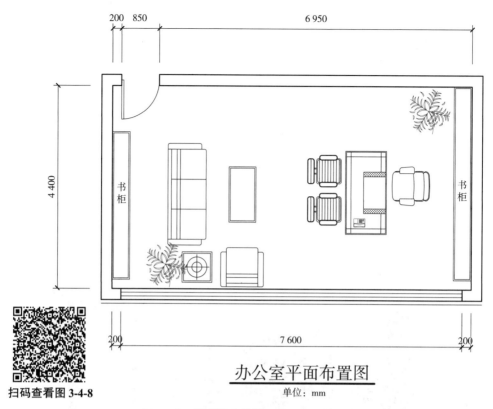

图 3-4-8 某办公室装饰设计平面布置图

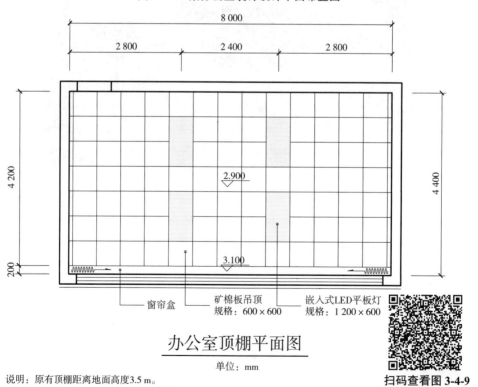

说明：原有顶棚距离地面高度3.5 m。
图中标高为顶棚构造底部距地高度。

图 3-4-9 某办公室装饰设计顶棚平面布置图

任务五　铝格栅吊顶施工图设计与绘制

教学目标

了解铝格栅的常见规格；掌握铝格栅吊顶的组成；掌握铝格栅吊顶设计要点；能够结合国家标准图集《内装修—室内吊顶》(12J502-2)，看懂"铝格栅吊顶平面及详图"，能够根据设计方案完成"铝格栅吊顶平面及详图"的设计与绘制。

教学重点与难点

1. 铝格栅吊顶的组成。
2. 铝格栅吊顶设计要点。
3. 铝格栅吊顶平面及详图的识读。

专业知识学习

铝格栅具有开放的视野，通风、透气，其线条明快整齐，层次分明，体现了简约明了的现代风格，安装、拆卸简单方便，广泛应用于大型商场、餐厅、酒吧、候车室、机场、地铁等场站，是公共建筑室内常用的吊顶材料之一(图3-5-1)。

图 3-5-1　铝格栅吊顶应用

一、铝格栅常见规格

常规铝格栅（仰视见光面）（图 3-5-2）标准为 10 mm 或 15 mm，高度有 20 mm、40 mm、60 mm 和 80 mm 可供选择。

铝格栅格子尺寸分别有 50 mm×50 mm、75 mm×75 mm、100 mm×100 mm、125 mm×125 mm、150 mm×150 mm、200 mm×200 mm。

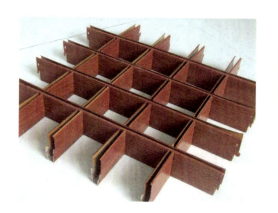

图 3-5-2　铝格栅

二、铝格栅吊顶的组成

铝格栅吊顶系统由主龙骨（承载龙骨）、主骨条、副骨条、上层组条、下层组条及安装辅配件（如吊杆、吊件、钢丝挂钩等）组成。其构造做法如图 3-5-3～图 3-5-5 所示。铝格栅规格参数见表 3-5-1。

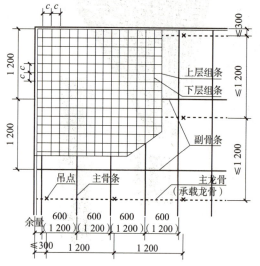

图 3-5-3　铝格栅吊顶平面

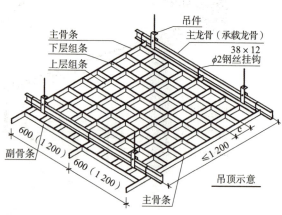

图 3-5-4　铝格栅吊顶示意

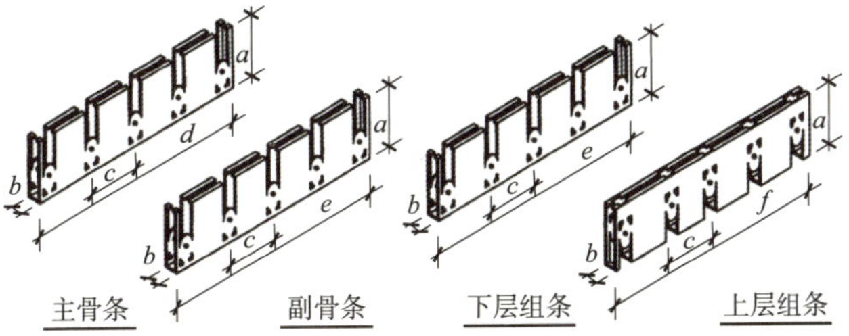

图 3-5-5 铝格栅主副骨条、上下层组条

表 3-5-1 铝格栅规格参数　　　　　　　　　　　　　　　　　　　　　mm

格片高 a	格片宽 b	方格中距 c	主骨条长 d	副骨条长、下层组条长 e	上层组条长 f
50	10	75	1 810	590(1 190)	1 190
50	10	90	1 810	590(1 190)	1 190
50	10	100	1 810	590(1 190)	1 190
50	10	120	1 810	590(1 190)	1 190
60	15	150	1 815	585(1 185)	1 185
80	15	200	1 815	585(1 185)	1 185
100	20	300	1 820	1 180	1 180
	30		1 830	1 170	1 170

三、铝格栅吊顶设计要点

（1）固定主龙骨（承载龙骨）的吊杆，两根吊杆间距不应超过 1 200 mm，主龙骨（承载龙骨）间距不应超过 1 200 mm。

（2）吊顶的边龙骨应安装在房间四周围护结构上，下边缘与吊顶标高线平齐，并按照墙面材料的不同选用射钉或膨胀螺栓等固定，固定间距宜为 300 mm，端头宜为 50 mm。

四、铝格栅吊顶施工图识读

根据图 3-5-6、图 3-5-7，并结合国家标准图集《内装修—室内吊顶》(12J502-2)，识读铝合金方格吊顶平面及详图。

扫码查看图 3-5-6

扫码查看图 3-5-7

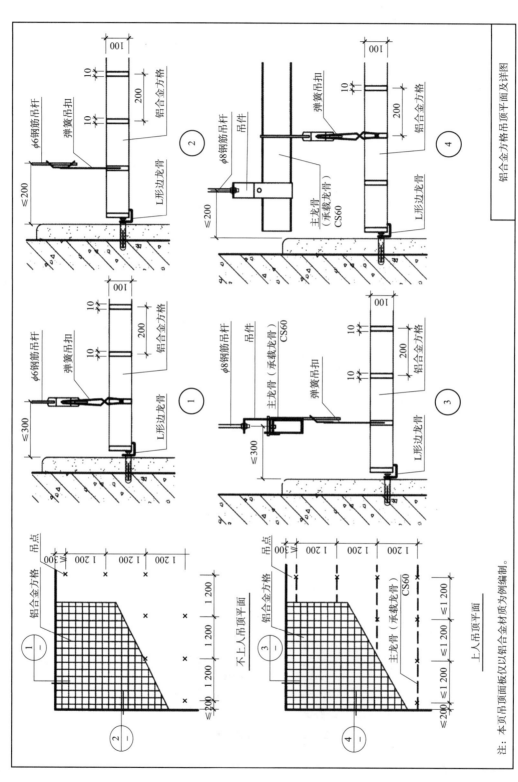

图 3-5-6 铝合金方格吊顶平面及详图

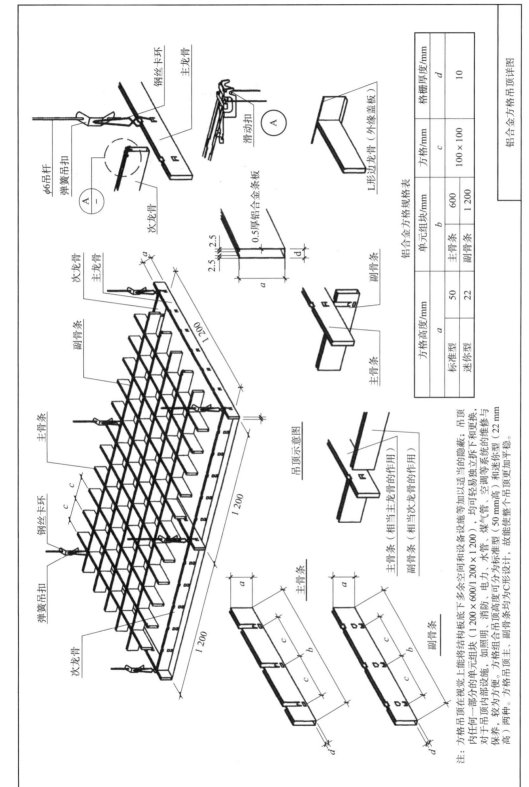

图 3-5-7 铝合金方格吊顶详图

任务实操训练

一、任务内容

本任务以某办公室"铝格栅吊顶"为例,完成"铝格栅吊顶平面及详图(不上人吊顶)"的设计与绘制。

相关说明:

(1)设计方案效果如图 3-5-8 所示。

(2)相关尺寸数据如图 3-5-9 和图 3-5-10 所示。

(3)铝格栅截面尺寸规格为 15 mm× 60 mm,格子尺寸为 150 mm×150 mm。

图 3-5-8 某办公室装饰设计方案效果图

扫码查看图 3-5-8

扫码查看图 3-5-9

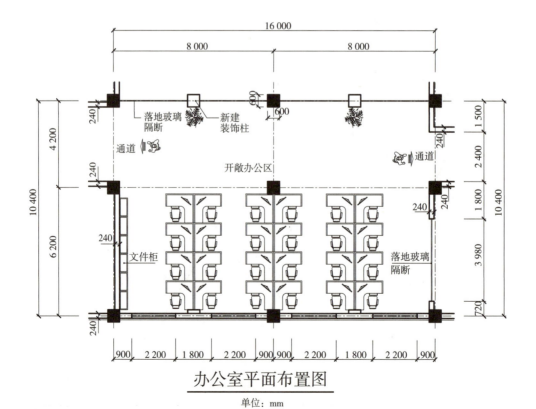

办公室平面布置图

单位:mm

图 3-5-9 某办公室装饰设计平面布置图

二、任务要求

(1)看懂国家标准图集《内装修—室内吊顶》(12J502-2)中的铝格栅吊顶平面及节点详图。

(2)根据设计方案,使用CAD软件绘制某办公室铝格栅+石膏板吊顶平面及节点详图,制图要规范。

(3)掌握龙骨及铝格栅设计布置的要求及规范。

(4)掌握节点的构造组成及使用材料。

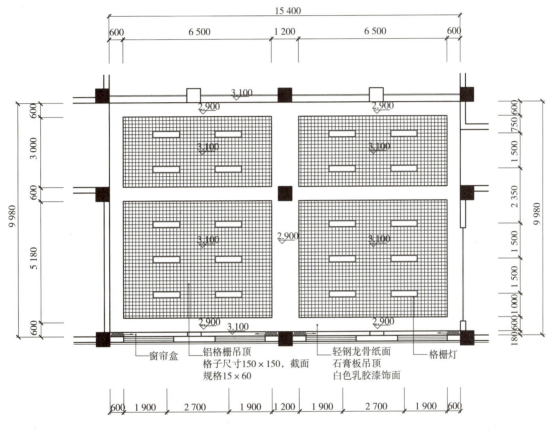

办公室顶棚平面图

单位:mm

说明:原有顶棚距离地面高度3.5 m。
图中标高为顶棚构造底部距地高度。

图 3-5-10 某办公室装饰设计顶棚平面图

扫码查看图 3-5-10

任务六 铝方通吊顶施工图设计与绘制

教学目标

了解铝方通的特点、种类、规格;掌握铝方通吊顶的组成;掌握铝方通吊顶设计要点,能够根据设计方案完成"铝方通吊顶平面及详图"的设计与绘制。

教学重点与难点

1. 铝方通吊顶的组成。
2. 铝方通吊顶设计要点。

专业知识学习

一、铝方通的特点

（1）铝方通吊顶效果非常鲜明，流畅的线条感是其最大的特点，这就使得铝方通吊顶排列起来感觉非常有层次感，而且整齐划一。

（2）铝方通通透性好。多用于隐蔽工程及繁多人流密集的公共场所，便于空气流通、排气、散热的同时，能够使光线分布均匀，使整个空间宽敞、明亮。由于铝方通是通透式的，可以把空调系统、灯具、消防设备、相关的线材等置于顶棚内，以到达更加简洁、统一的视觉效果。

（3）铝方通款式多，可定制。常见的铝方通款式有U形铝方通、V形铝方通、O形铝方通、弧形铝方通等，不同的款式结合不同的表面处理工艺可以满足千变万化的个性设计需要。

（4）铝方通安装灵活。不同的铝方通可以选择不同的高度和间距，可一高一低、一疏一密，加上合理的颜色搭配，可满足千变万化的设计需要，达到个性化的装饰效果。

（5）铝方通属于铝合金材质，质量非常轻，安装简单，维护同样也很方便。由于每条铝方通是单独的，可随意安装和拆卸，无须特别工具，方便维护和保养。

正是基于铝方通的这几个特点，其被广泛应用于地铁站、高铁站、车站、机场、大型购物商场、写字楼、餐厅、展厅等开放式场所，成为风靡装饰市场的主要产品，应用实例如图3-6-1、图3-6-2所示。

图3-6-1　铝方通吊顶

图3-6-2　木纹弧形波浪铝方通吊顶应用

二、铝方通的种类

铝方通主要可分为铝板铝方通和型材铝方通(图3-6-3)。

(1)铝板铝方通通过连续滚压或冷弯成型,安装结构为专用龙骨卡扣式结构,安装方法类似普通的条形扣板,简单方便,多用于室内装饰。常见的有U形铝方通(图3-6-4)、V形铝方通等。一般来说,铝板铝方通的成本要低于同等规格的型材铝方通的造价。

(2)型材铝方通是铝棒通过铝挤压机挤压成型,产品硬度、直线度远远超过其他产品,安装结构为利用上层主骨,以螺钉和特造的构件与型材锤片连接,防风性强,适用于户外装饰。型材铝方通可以进行折弯加工,如加工成弧形。目前,像弧形类的型材铝方通深受设计师的喜欢,为设计师提供了更为广阔的构想空间,创造出更独特、美观的作品。

图3-6-3 型材铝方通

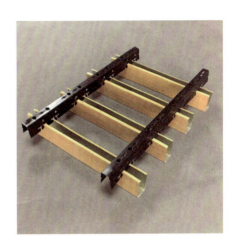

图3-6-4 铝板铝方通(U形铝方通)

三、铝方通的常见规格

市面上铝方通规格尺寸及厚度是多样的,不同的铝方通厂家尺寸型号是不同的,一些建材工厂支持特殊尺寸订做,能够满足客户的不同采购需求。

铝方通的规格主要以底宽×高度×厚度构成,底宽一般为20～400 mm,高度为20～600 mm,厚度为0.4～3.5 mm。

常用的规格有(底宽×高度)20 mm×20 mm、30 mm×30 mm、30 mm×50 mm、30 mm×80 mm、30 mm×100 mm、40 mm×60 mm、40 mm×80 mm、40 mm×100 mm、40 mm×120 mm、50 mm×50 mm、50 mm×80 mm、50 mm×100 mm、50 mm×120 mm、50 mm×150 mm等。

四、铝方通吊顶的组成

铝方通吊顶系统由主龙骨、挂条龙骨、边龙骨及安装辅配件(如吊杆、吊件等)组成。其构造做法如图3-6-5和图3-6-6所示。

主龙骨
表面处理：镀锌
高度：38/50 mm
长度：3 000 mm
标准厚度：0.8 mm

主龙骨吊件
表面处理：镀锌
高度：95/105 mm
标准厚度：1.0 mm

挂条龙骨
表面处理：镀锌
高度：28 mm
长度：3 000 mm
标准厚度：0.8 mm

吊杆
表面处理：镀锌
标准厚度：6/8 mm

L形修边条
表面处理：静电粉末喷涂
规格：25 mm×25 mm
长度：3 000 mm
标准厚度：0.6 mm

W形修边条
表面处理：静电粉末喷涂
规格：24 mm×11 mm×11 mm×24 mm
长度：3 000 mm
标准厚度：0.6 mm

图 3-6-5　铝方通拼装零件图

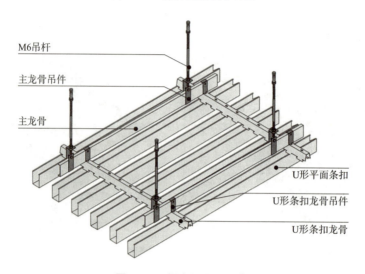

图 3-6-6　铝方通吊顶示意

五、铝方通吊顶设计要点

（1）固定主龙骨（承载龙骨）的吊杆，两根吊杆间距不应超过 1 200 mm，主龙骨（承载龙骨）间距不应超过 1 200 mm。

（2）吊顶的边龙骨应安装在房间四周围护结构上，下边缘与吊顶标高线平齐，并按照墙面材料的不同选用射钉或膨胀螺栓等固定，固定间距宜为 300 mm，端头宜为 50 mm。

任务实操训练

一、任务内容

本任务以某会议室铝方通吊顶为例，完成铝方通吊顶平面及节点详图的设计与绘制。
相关说明：
（1）设计方案效果如图 3-6-7 所示。
（2）相关尺寸数据如图 3-6-8、图 3-6-9 所示。

扫码查看图 3-6-7

图 3-6-7　某会议室装饰设计方案效果图

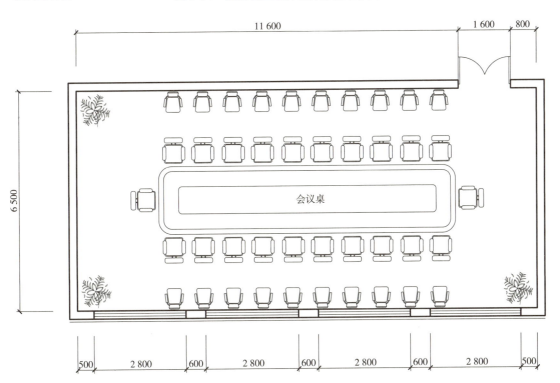

会议室平面布置图

单位：mm

扫码查看图 3-6-8

图 3-6-8　某会议室装饰设计平面布置图

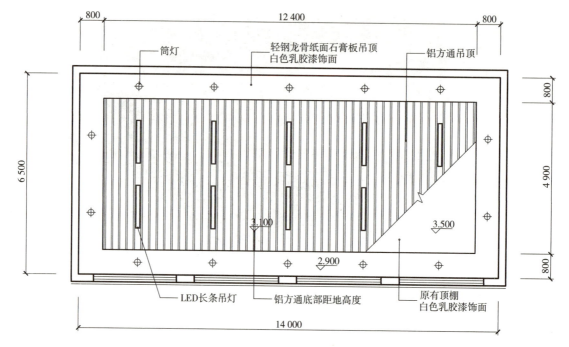

图 3-6-9　某会议室装饰设计顶棚平面布置图

扫码查看图 3-6-9

二、任务要求

(1) 根据设计方案，使用 CAD 软件绘制某会议室铝方通＋石膏板吊顶平面及节点详图，制图要规范。

(2) 自选铝方通品牌，查找产品相关技术规格资料。

(3) 掌握龙骨及铝方通设计布置的要求及规范。

(4) 掌握节点的构造组成及使用材料。

任务七　铝合金垂片吊顶施工图设计与绘制

教学目标

了解铝合金垂片的特点；掌握铝合金垂片吊顶的组成；掌握铝合金垂片吊顶设计要点；能够结合国家标准图集《内装修—室内吊顶》(12J502-2)，看懂"铝合金条板垂片吊顶平面及节点详图"；能够根据设计方案完成铝合金垂片吊顶平面及节点详图的设计与绘制。

教学重点与难点

1. 铝合金垂片吊顶的组成。
2. 铝合金垂片吊顶设计要点。
3. 铝合金条板垂片吊顶平面及节点详图的识读。

专业知识学习

一、铝合金垂片的特点

(1)铝合金垂片吊顶是一种长条形装饰吊顶,由多条长条垂片等距离排列组成,可使长距离的空间显得更宽敞,使长形空间不会因为距离而产生局促感。

(2)铝合金垂片吊顶的线条明快整齐、层次分明、结构简单,具有充足的光感与层次感,能很好地体现简约、舒适的现代风格,更使空间充满时尚气息。

(3)铝合金垂片吊顶为露空式吊顶,可调节房屋视觉高度,并可隐藏顶棚内的所有管道和其他设施,且通风透气效果好。

(4)铝合金垂片吊顶由铝条板及龙骨组成,装拆灵活,有利于房屋的灯具及喷淋、空调系列等设施的安装。

铝合金垂片吊顶适用于人流密集的公共场所,被广泛应用于地铁站、高铁站、大型购物商场、写字楼、餐厅、展厅等公共建筑室内吊顶。

铝合金垂片及其吊顶应用如图 3-7-1、图 3-7-2 所示。

图 3-7-1　铝合金垂片

图 3-7-2　铝合金垂片吊顶应用

二、铝合金垂片吊顶的组成

铝合金垂片吊顶系统由主龙骨、挂条龙骨、边龙骨及安装辅配件(如吊杆、吊件等)组成。其构造做法如图3-7-3所示。

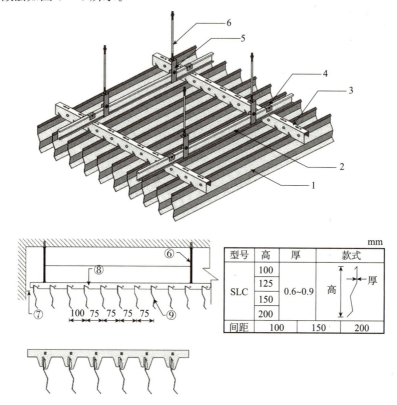

图 3-7-3 铝合金垂片吊顶的组成
1—挂片顶棚；2，3—龙骨；4—龙骨吊码；5—龙骨吊件；6—吊杆；
7—L—边角；8—SLC型挂片顶棚；9—挂片顶棚龙骨

三、铝合金垂片吊顶设计要点

(1)固定主龙骨(承载龙骨)的吊杆，两根吊杆间距不应超过1 200 mm，主龙骨(承载龙骨)间距不应超过1 200 mm。

(2)吊顶的边龙骨应安装在房间四周围护结构上，下边缘与吊顶标高线平齐，并按照墙面材料的不同选用射钉或膨胀螺栓等固定，固定间距宜为300 mm，端头宜为50 mm。

四、铝合金垂片吊顶施工图识读

根据图3-7-4，并结合国家标准图集《内装修—室内吊顶》(12J502-2)，识读"铝合金条板垂片吊顶平面及详图"。

扫码查看图3-7-4

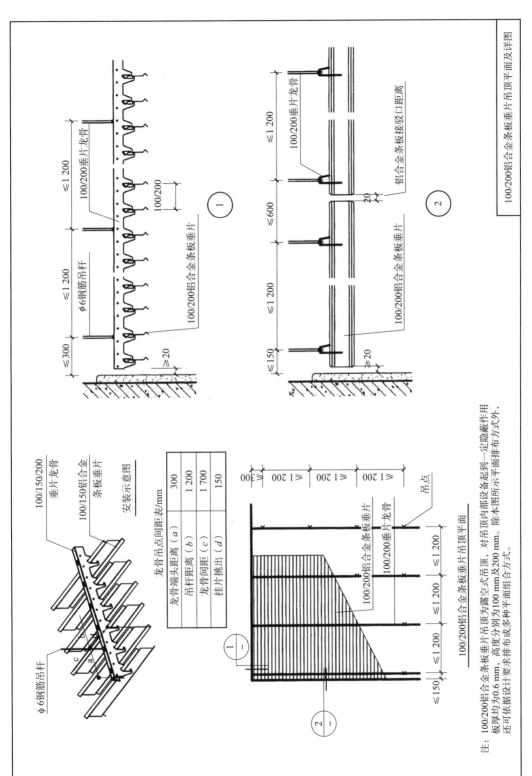

图 3-7-4 100/200 铝合金条板垂片吊顶平面及详图

任务实操训练

一、任务内容

本任务以某会议室铝合金垂片吊顶为例,完成铝合金垂片吊顶平面及节点详图的设计与绘制。

相关说明:

(1)设计方案效果如图 3-7-5 所示。

扫码查看图 3-7-5

图 3-7-5　某会议室装饰设计方案效果图

(2)相关尺寸数据如图 3-7-6、图 3-7-7 所示。
(3)铝合金垂片规格为:高度 100 mm。

二、任务要求

(1)根据设计方案,使用 CAD 软件绘制某会议室铝合金垂片+石膏板吊顶平面及节点详图,制图要规范。
(2)自选铝合金垂片品牌,查找产品相关技术规格资料。
(3)掌握龙骨及铝合金垂片设计布置的要求及规范。
(4)掌握节点的构造组成及使用材料。

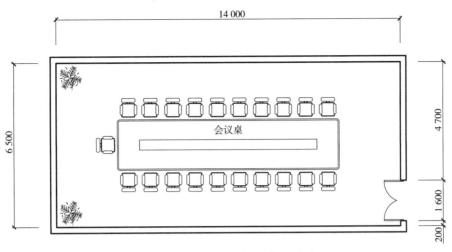

会议室平面布置图

单位：mm

图 3-7-6　某会议室装饰设计平面布置图

扫码查看图 3-7-6

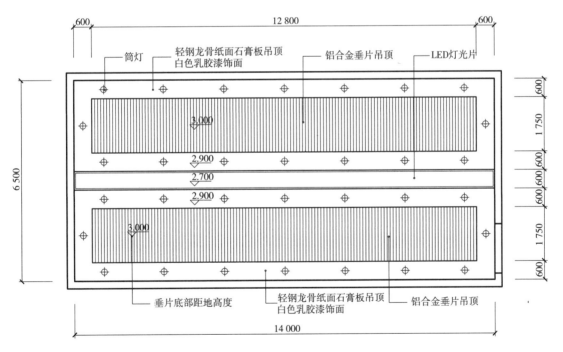

会议室顶棚平面图

单位：mm

说明：原有顶棚距离地面高度3.5 m。
　　　图中标高为顶棚构造底部距地高度。
　　　筒灯安装间距为2 000 mm。

图 3-7-7　某会议室装饰设计顶棚平面图

扫码查看图 3-7-7

模块四 墙柱面装饰装修施工图设计

任务一 装饰立面图识图与绘制

教学目标

了解室内装饰立面图的形成；掌握装饰立面图的图示内容及方法；能够对照设计方案效果图及平面布置图看懂装饰立面图。

教学重点与难点

1. 装饰立面图的图示内容。
2. 装饰立面图的图示方法。
3. 绘制装饰立面图的规范要求。

专业知识学习

室内装饰立面图是人立于室内向各墙面观看而形成的正投影图，它主要用来表达内墙立面的造型、材料、色彩、工艺要求，门窗的位置和形式，以及附属的家具、陈设、植物等必要的尺寸和位置，部分顶棚剖面等，它能表现出整个房间装修后室内墙柱面的布置与装饰效果。

一、装饰立面图的形成

室内装饰立面图一般采用剖立面图表示，即假设用一个与所表达墙面平行的剖切平面将房间从顶棚至地面剖开，投影所得的正投影图即室内装饰立面图。

室内装饰立面图一般是以投影方向命名的，其投影方向编号应与平面布置图上内视符号一致，如"客厅A立面图""卧室B立面图"等；装饰装修立面图的命名方法还可以用房间东、西、南、北立面坐落方向命名，如"主卧室南立面图"；也可以用房间主要立面装饰构件的名称命名，如"客厅电视背景墙立面图"。

二、装饰立面图的图示内容及方法

室内装饰立面图是内墙面装饰装修施工和墙面装饰物布置的主要依据。其主要表达的内容如下：

（1）建筑主体结构及门窗、墙裙、踢脚线、窗帘盒、窗帘、壁挂装饰物、灯具、装饰线等主要轮廓及材料图例。

（2）墙柱面装修造型的样式及饰面材料的名称、图案、规格、施工工艺及做法等。

（3）立面造型尺寸的标注，顶棚面距离地面的标高，各种饰物及其他设备的定位尺寸标注。

（4）固定家具在墙面中的位置、立面形式和主要尺寸。

（5）节点详图、索引或剖面、断面等符号、比例及文字说明。

图4-1-1所示为某住宅客厅及餐厅装饰立面图示例。

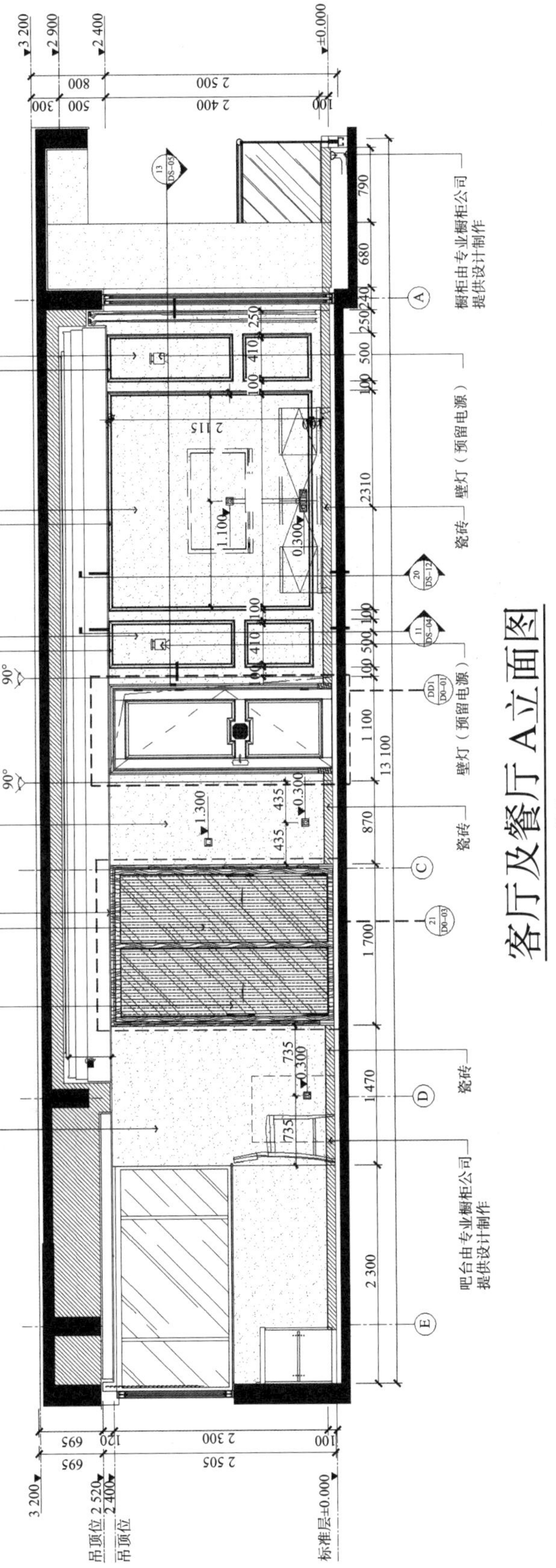

图 4-1-1 某住宅客厅及餐厅装饰立面图示例

> 任务实操训练

一、任务内容

本任务以某住宅装饰设计为例,根据提供的效果图及装饰立面图,使用 CAD 软件抄绘装饰立面图。

相关说明:

(1)设计方案效果如图 4-1-2~图 4-1-5 所示。

图 4-1-2　某住宅客厅装饰设计效果图 1

图 4-1-3　某住宅客厅装饰设计效果图 2

图 4-1-4　某住宅卧室 1 装饰设计效果图

图 4-1-5　某住宅餐厅装饰设计效果图

(2)平面布置如图 4-1-6 所示,装饰立面图如图 4-1-7~图 4-1-10 所示。

二、任务要求

(1)看懂装饰立面图的图示内容。
(2)能较好地理解三维空间与二维平面的对应关系。
(3)掌握绘制装饰立面图的规范要求。
(4)能够根据设计方案,熟练使用 CAD 软件抄绘装饰立面图。

模块四　墙柱面装饰装修施工图设计　183

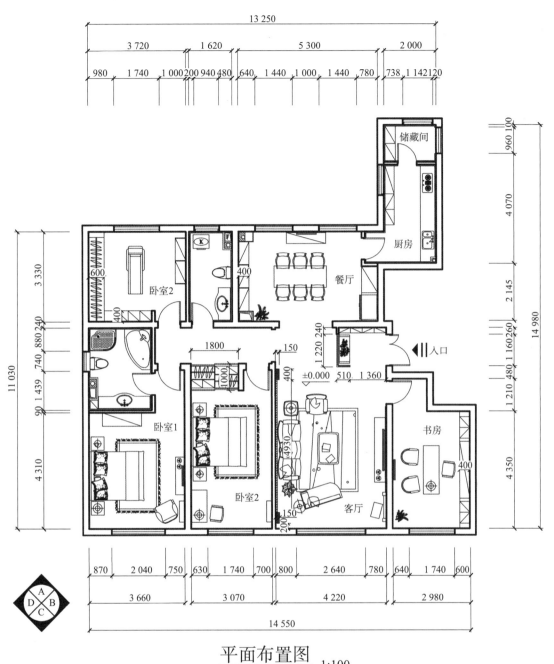

平面布置图　1:100
单位：mm

图 4-1-6　某住宅平面布置图

扫码查看图 4-1-6

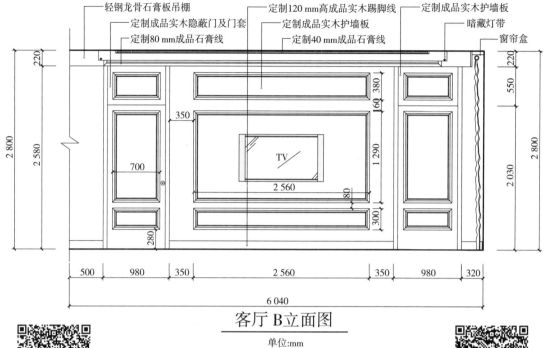

图 4-1-7　某住宅客厅 B 立面图

扫码查看图 4-1-7

扫码查看图 4-1-8

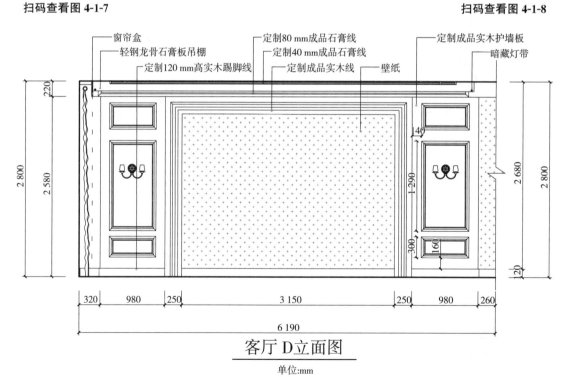

图 4-1-8　某住宅客厅 D 立面图

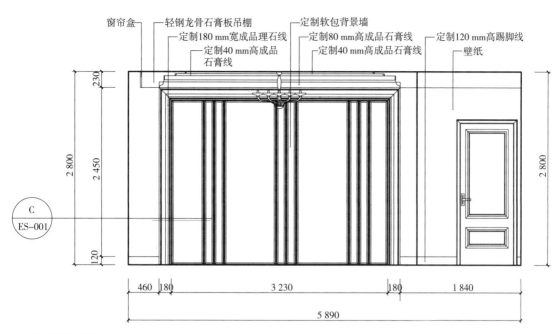

图 4-1-9　某住宅卧室 1 D 立面图

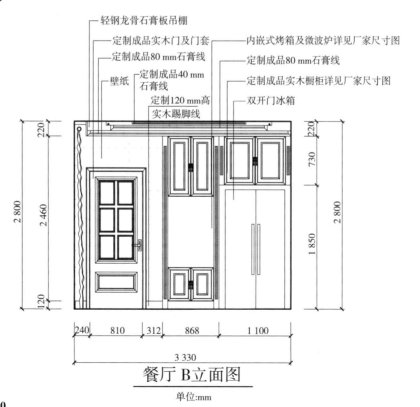

图 4-1-10　某住宅餐厅 B 立面图、D 立面图

扫码查看图 4-1-9

扫码查看图 4-1-10

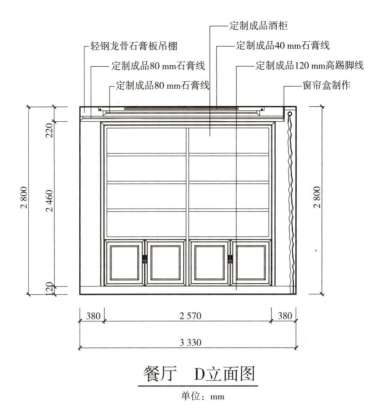

图 4-1-10 某住宅餐厅 B 立面图、D 立面图(续)

任务二　轻钢龙骨石膏板隔墙施工图设计与绘制

教学目标

了解不同轻钢龙骨的规格；掌握轻钢龙骨隔墙的构造组成；掌握轻钢龙骨石膏板隔墙设计要点；掌握轻钢龙骨石膏板隔墙施工图的图示内容与方法；能够结合国家标准图集《内装修—墙面装修》(13J502-1)看懂"轻钢龙骨石膏板隔墙施工图及相关详图"，能够根据设计方案完成"轻钢龙骨石膏板隔墙施工图"的设计与绘制。

教学重点与难点

1. 轻钢龙骨石膏板隔墙的构造组成。
2. 轻钢龙骨石膏板隔墙设计要点。
3. 轻钢龙骨石膏板隔墙施工图的图示内容与方法。

专业知识学习

一、轻钢龙骨石膏板隔墙的构造组成

轻钢龙骨石膏板隔墙是由轻钢龙骨与石膏板面板组合而成的墙体，具有质轻、强度较高、耐火性好、通用性强且安装简易的特性，有适应防震、防尘、隔声、吸声、恒温等功效；同时，还具有工期短、施工简便、不易变形等优点。其可满足各种建筑内隔墙设计、选用的需要。

如图 4-2-1～图 4-2-3 所示分别为轻钢龙骨石膏板隔墙用轻钢龙骨、轻钢龙骨石膏板隔墙构造和轻钢龙骨石膏板隔墙构造示意。

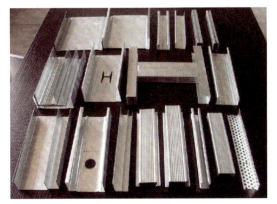

图 4-2-1 轻钢龙骨石膏板隔墙用轻钢龙骨

图 4-2-2 轻钢龙骨石膏板隔墙构造

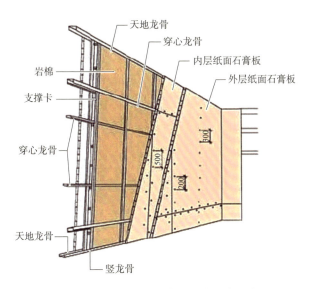

图 4-2-3 轻钢龙骨石膏板隔墙构造示意

二、轻钢龙骨石膏板隔墙设计要点

1. 隔墙龙骨设置规范

(1)竖龙骨间距一般为 300 mm、400 mm 或 600 mm,应不大于 600 mm。门、窗等位置设计不得改变内隔墙竖龙骨定位尺寸,应设附加龙骨进行调整。

(2)隔墙高度在 3 m 以下用一根通贯横向龙骨;高度超过 3 m 时,每隔 1.2 m 设置一根通贯龙骨。

(3)在顶面、地面上固定沿顶、沿地轻钢龙骨,采用膨胀螺栓固定。竖龙骨插入沿顶、沿地龙骨之间,开口方向一致。

2. 隔墙填充岩棉设置要求

(1)单面墙先填充岩棉,再用自攻螺钉将墙面板固定在轻钢龙骨上。

(2)双面墙先固定一侧墙面板,再填充岩棉,然后固定另一侧墙面板。

3. 隔墙石膏板设置要求

(1)石膏板规格为 2 400 mm/3 000 mm×1 200 mm×12 mm。

(2)石膏板用自攻螺钉固定在轻钢龙骨上,钉距不应大于 300 mm。

三、轻钢龙骨石膏板隔墙施工图的图示内容与方法

根据表 4-2-1、图 4-2-4,结合国家标准图集《内装修—墙面装修》(13J502-1),识读轻钢龙骨石膏板隔墙做法。

表 4-2-1 轻钢龙骨产品规格表

产品名称	断面图形	实际尺寸/mm			
		A	B	B'	t
横龙骨 (U形)	(图形)	50	40	—	0.6/0.8
		75	40	—	0.6/0.8/1.0
		100	40	—	0.6/0.8/1.0
		150	40	—	0.8/1.0
	(图形)	50	35	—	0.6/0.7
		75	35	—	0.6/0.7
		100	35	—	0.7
高边横龙骨 (U形)	(图形)	50	50	—	0.6/0.7
		75	50	—	0.6/0.7/0.8/1.0
		100	50	—	0.7/0.8/1.0
		150	50	—	0.8/1.0
竖龙骨 (C形)	(1) (2)	48.5	50	—	0.6/0.8/1.0
		73.5	50	—	0.6/0.8/1.0
		98.5	50	—	0.7/0.8/1.0
		148.5	50	—	0.8/1.0

续表

产品名称	断面图形	实际尺寸/mm			
		A	B	B'	t
竖龙骨 （C形）	（3）	50	45/47	—	0.7/0.8
		75	45/47	—	0.6/0.7/0.8
		100	45/47	—	0.7/0.8
		150	45/47	—	0.8/1.0
通贯龙骨 （U形）		38	12	—	1.0/1.2
贴面墙竖向龙骨		60	27	—	0.6
		50	19	—	0.5
		50	20	—	0.6
U形安装夹 （支撑卡）		100	50	—	0.8
		125	60	—	
Z形减振隔声龙骨		73.5	50	—	0.6
Ω减振隔声龙骨		98.5	45	—	0.5/0.6
MW减振隔声龙骨		75	50	—	0.6
CH形龙骨		75	42/35	—	0.8/1.0
		100	42/35	—	
		146/150	42/35	—	
端墙支撑卡		75	45/47	—	0.6
		100	45/47	—	0.7
		150	45/47	—	0.8
J形龙骨 （不等边龙骨）		75/78	50/60	25/30	0.6/0.8/1.0
		100/103	50/60	25/20	
		150/149	50/60	25/30	
E形竖龙骨		75	30	20	0.8/1.0
		100	30	20	
		146	30	20	

续表

产品名称	断面图型	实际尺寸/mm			
		A	B	B'	t
平行接头		82	—	—	0.6
边龙骨		20	30	20	0.6
角龙骨（L形）		30	23	—	0.6

扫码查看图 4-2-4

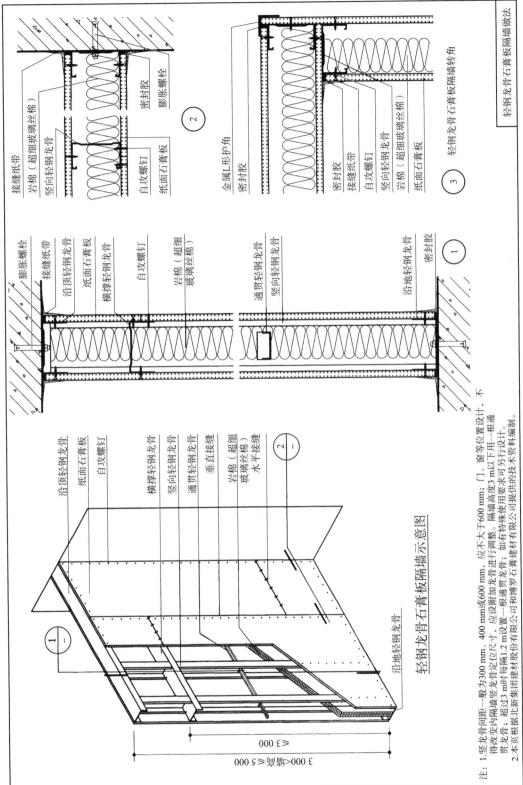

图 4-2-4 轻钢龙骨石膏板隔墙做法

任务实操训练

一、任务内容

本任务以轻钢龙骨石膏板隔墙为例,完成轻钢龙骨石膏板隔墙施工图的设计与绘制。

相关说明:

(1)设计方案意向如图 4-2-5 所示。

图 4-2-5　轻钢龙骨石膏板隔墙设计意向

(2)相关尺寸数据如图 4-2-6 所示。

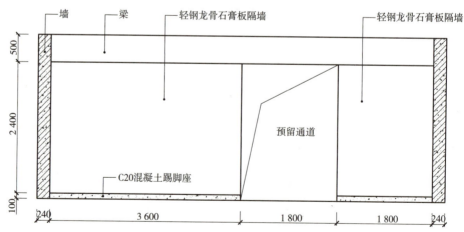

轻钢龙骨隔墙立面图

单位:mm

图 4-2-6　轻钢龙骨石膏板隔墙立面图

扫码查看图 4-2-6

二、任务要求

(1) 掌握轻钢龙骨石膏板隔墙施工图的设计及图纸绘制方法。
(2) 根据设计方案,使用 CAD 软件绘制轻钢龙骨石膏板隔墙施工图及相关详图。
(3) 掌握轻钢龙骨隔墙构造及施工工艺。
(4) 图纸表达内容完整,制图规范,图面美观。

任务三　软包墙面施工图设计与绘制

教学目标

掌握软包墙面构造;掌握软包墙面设计要点;掌握软包墙面施工图的图示内容与方法;能够结合国家标准图集《内装修——室内吊顶》(12J502-2),看懂软包墙面施工图及相关详图;能够根据设计方案完成"软包墙面施工图"的设计与绘制。

教学重点与难点

1. 软包墙面的构造。
2. 软包墙面设计要点。
3. 软包墙面施工图的图示内容与方法。

专业知识学习

一、软包墙面构造组成

软包是指一种在室内墙表面用柔性材料加以包装的墙面装饰方法。其可分为布艺软包和皮革软包。软包所使用的材料质地柔软,能够柔化整体空间氛围,其纵深的立体感也能起到很好的装饰效果。软包墙面施工用料较为奢华,多用于高档宾馆、会所、KTV、会议室等地方,家庭装修中用于床头背景墙、电视背景墙、沙发背景墙。软包墙面除能够美化空间外,还具有吸声、隔声、防撞、防震、保温隔热等功能。

二、软包墙面设计要点

(1) 竖向龙骨间距根据安装板材孔径、孔距确定,应不大于 600 mm。
(2) 横向龙骨与竖向龙骨焊接,间距不大于 1 200 mm。
(3) 软包墙面所用填充材料、纺织面料和龙骨、木基层板等均应进行防火处理。软包墙面应进行防潮层处理。
(4) 软包墙面木框或底板所用材料的树种、等级、规格、含水率和防腐处理,必须符合设计要求和《木结构工程施工质量验收规范》(GB 50206—2012)的规定。软包面料及其他填充材料必须符合设计要求，并应符合建筑内装修设计防火的有关规定。

如图4-3-1和图4-3-2所示分别为软包装饰墙面应用和软包墙面构造示意。

图 4-3-1　软包装饰墙面应用

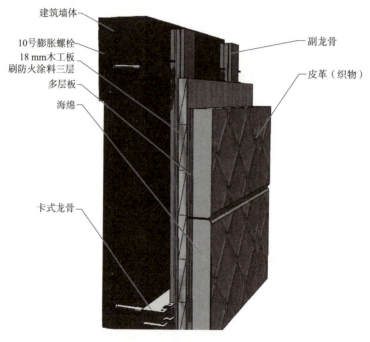

图 4-3-2　软包墙面构造示意

三、软包墙面施工图的图示内容与方法

根据图4-3-3和图4-3-4，结合国家标准图集《内装修—墙面装修》(13J502-1)，识读软包墙面施工图。

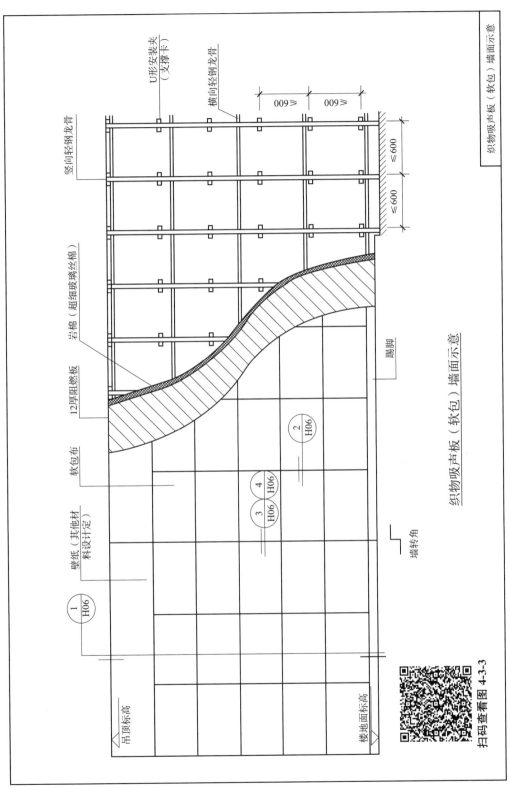

图 4-3-3 织物吸声板(软包)墙面示意图

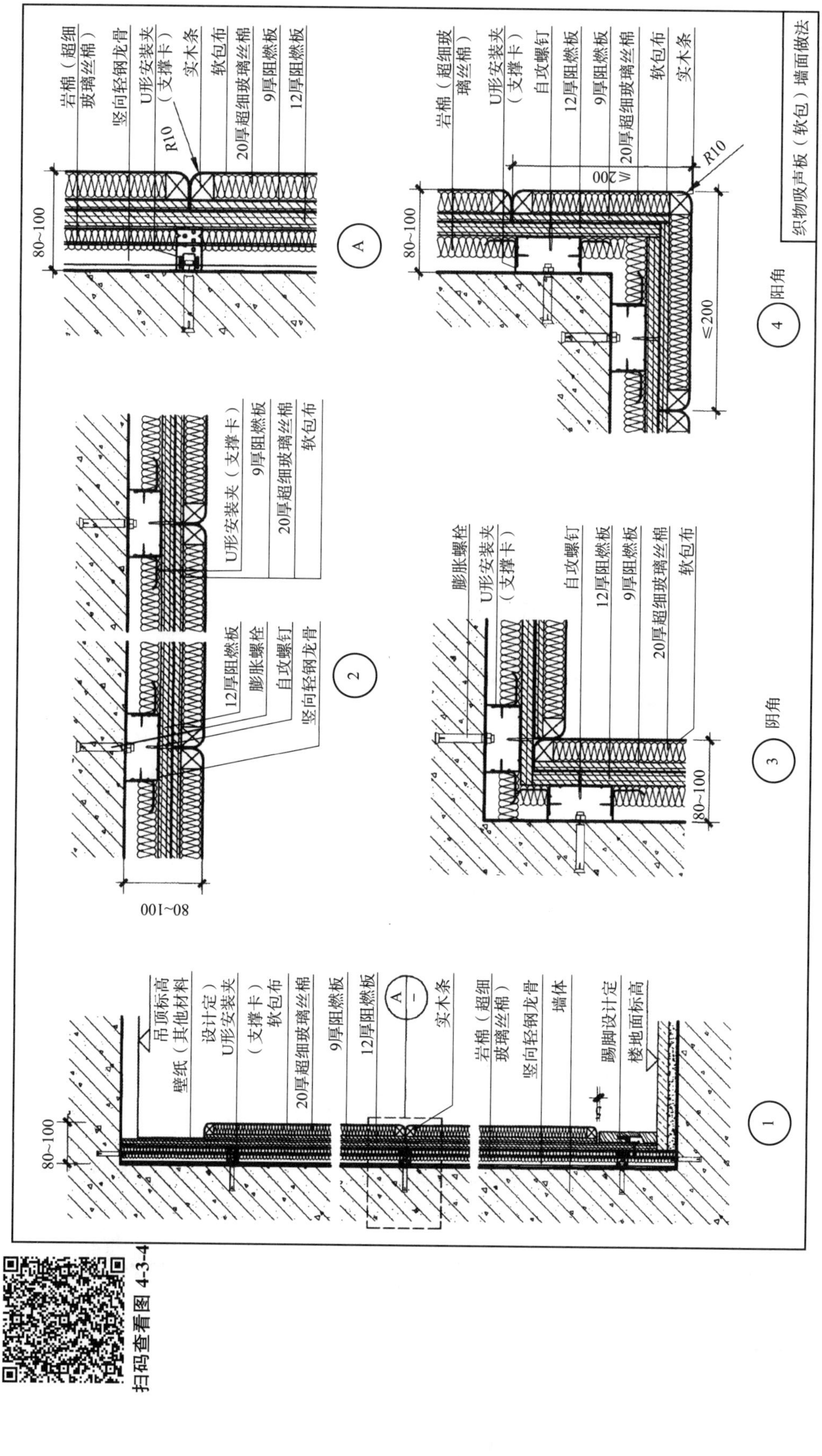

图 4-3-4 织物吸声板（软包）墙面做法

任务实操训练

一、任务内容

本任务以某卧室床头软包背景墙为例,完成床头软包背景墙施工图的设计与绘制。

相关说明:

(1)设计方案效果如图4-3-5所示。

图4-3-5　某住宅卧室床头软包背景墙效果图

(2)相关尺寸数据如图4-3-6、图4-3-7所示。

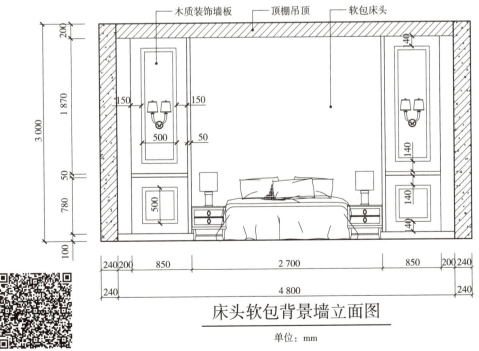

床头软包背景墙立面图

单位:mm

扫码查看图4-3-6　　图4-3-6　某住宅卧室床头软包背景墙立面图

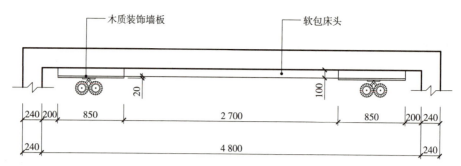

扫码查看图 4-3-7

图 4-3-7　某住宅卧室床头软包背景墙平面尺寸定位图

二、任务要求

（1）掌握软包墙面施工图的设计及图纸绘制方法。
（2）根据设计方案，使用 CAD 软件绘制床头软包背景墙施工图及相关详图。
（3）掌握软包墙面构造及施工工艺。
（4）图纸表达内容完整，制图规范，图面美观。

任务四　干挂石材墙面施工图设计与绘制

教学目标

掌握干挂石材墙面的构造；掌握干挂石材墙面设计要点；掌握干挂石材墙面施工图的图示内容与方法；能够结合国家标准图集《内装修—墙面装修》(13J502-1)，看懂干挂石材墙面施工图及相关详图；能够根据设计方案完成"干挂石材墙面施工图"的设计与绘制。

教学重点与难点

1. 干挂石材墙面构造。
2. 干挂石材墙面设计要点。
3. 干挂石材墙面施工图的图示内容与方法。

专业知识学习

一、干挂石材墙面的构造

石材干挂法是墙面装饰中一种新型的施工工艺。该方法以金属挂件将饰面石材直接吊挂于墙面或空挂于钢架之上，无须再灌浆粘贴。其原理是在主体结构上设置主要受力点，通过金属挂件将石材固定在建筑物上，形成石材装饰墙。

该工艺克服了石材传统湿贴方法的缺陷。该工艺与传统的湿作业工艺相比，免除了灌浆工序，可以有效地避免传统湿贴工艺出现的板材空鼓、开裂、脱落等现象，减小建筑物自重，提高抗震性能，明显提高了建筑物的安全性和耐久性；同时，在一定程度上改善了施工人员的劳动条件，减轻了劳动强度，从而加快了工程进度，可缩短施工周期；更重要的是可有效地防止灌浆中的盐、碱等色素对石材的渗透污染，提高其装饰质量和观感效果。

石材装饰墙面的应用如图 4-4-1 所示，干挂石材墙面构造示意如图 4-4-2 所示，干挂石材墙面龙骨施工节点如图 4-4-3 所示，干挂石材墙面施工节点如图 4-4-4 所示。

图 4-4-1　石材装饰墙面的应用

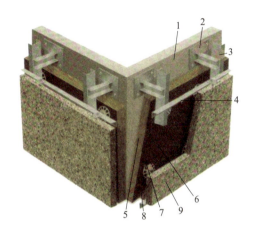

图 4-4-2　干挂石材墙面构造示意

1—基层墙体；2—预埋件；3—竖龙骨；4—横龙骨；5—岩棉；6—贴面防护层；7—锚固件；8—通风层；9—干挂石材

图 4-4-3　干挂石材墙面龙骨施工节点

图 4-4-4　干挂石材墙面施工节点

二、干挂石材墙面设计要点

1. 石材装饰墙面材料选用要求

（1）选用有纹理走向的石材，应从选择荒料开始就进行编号，加工后按顺序再编号预拼。

(2)复合石材可制成单边边长不大于 2 m，单块面积不大于 2 m² 的板材。单块石材 20 mm 厚以上的，单块面积不宜大于 1 m²。

2. 钢骨架选用与设计

(1)竖龙骨宜选用槽钢，方便横龙骨焊接。竖龙骨必须与承重结构有可靠的固定措施，轻质隔墙上高度大于 100 mm 的钢筋混凝土圈梁可以作为竖龙骨的侧向支撑点。

(2)竖龙骨间距宜与石材墙面竖向分缝位置对应，方便龙骨加工，同时减少石材规格。

(3)竖龙骨全高垂直允许偏差不大于 2 mm（双向）。

(4)横龙骨采用角钢或槽钢，断面不小于 L40 mm×40 mm×4 mm，挠度不大于 $L/400$ mm，横龙骨两端与竖龙骨焊接。

3. 石材墙面施工构造要求

(1)石材墙面的石材宜设计成扁长矩形，因为竖向缝隙不易使用挂件固定。

(2)干粘法粘贴点中心距离板边不得大于 150 mm，两个粘贴点中心距离不大于 700 mm。

(3)石材开槽口不宜过宽，花岗石槽口边净厚度不小于 6 mm，大理石槽边净厚度不小于 7 mm。

(4)石材面板与支撑结构体系连接的短槽槽口深度大于 20 mm 时，长度不大于 80 mm，也不宜比挂件长度长 10 mm 以上；槽口深度宜比挂件入槽深度大 5 mm，槽口端部与石板对应的距离不宜小于板厚的 3 倍，也不宜大于 180 mm，槽口宽度不宜大于 8 mm，也不宜小于 5 mm。

(5)石材面板与支撑结构体系连接的通槽槽口深度可为 20～25 mm，槽口宽度可为 6～12 mm。通槽式挂件入槽深度不宜大于 15 mm，长度宜比槽长小 5 mm。承托石板处宜设置弹性垫块，垫块厚度不宜小于 3 mm。

(6)石材面板与支撑结构体系连接的背栓中心线与石材面板边缘距离不大于 300 mm，且不应小于或等于 50 mm，背栓间距不大于 1 200 mm。

三、干挂石材墙面施工图的图示内容与方法

根据图 4-4-5～图 4-4-10，结合国家标准图集《内装修—墙面装修》(13J502-1)中相关要求与说明，识读干挂石材墙面(密缝)做法施工图及节点详图。

扫码查看图 4-4-5　　扫码查看图 4-4-6　　扫码查看图 4-4-7

扫码查看图 4-4-8　　扫码查看图 4-4-9　　扫码查看图 4-4-10

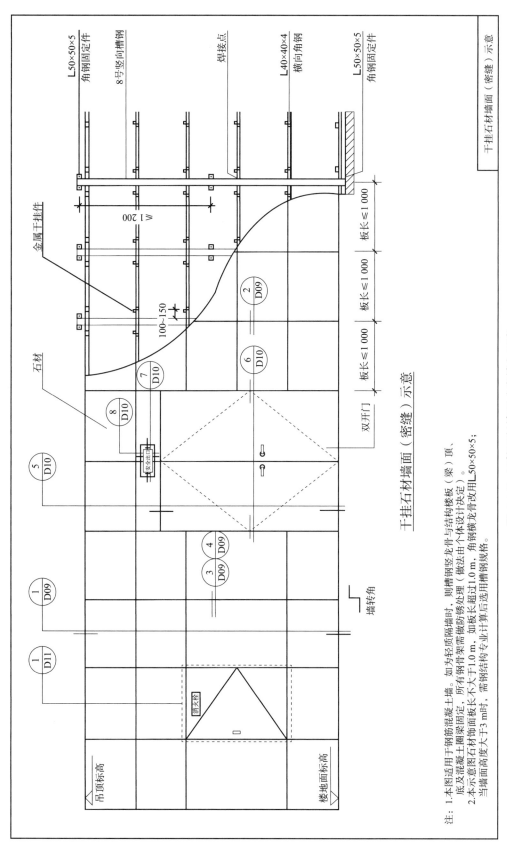

图 4-4-5 干挂石材墙面（密缝）示意

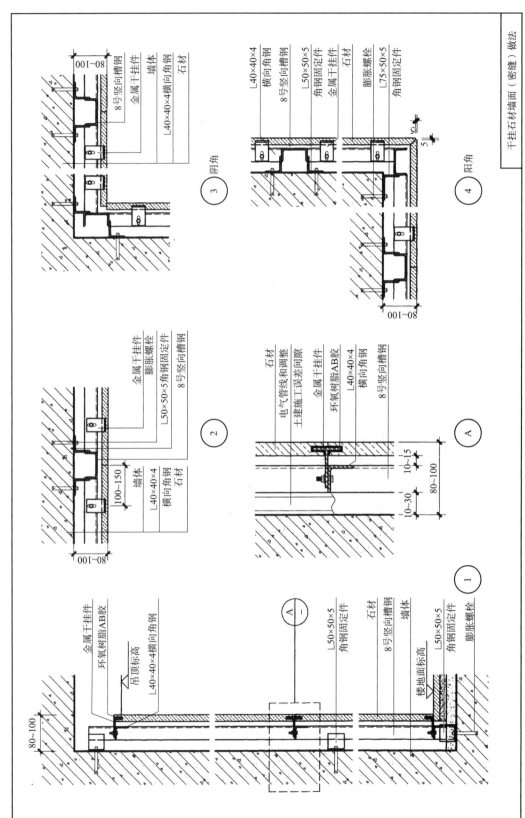

图 4-4-6 干挂石材墙面（密缝）做法（1）

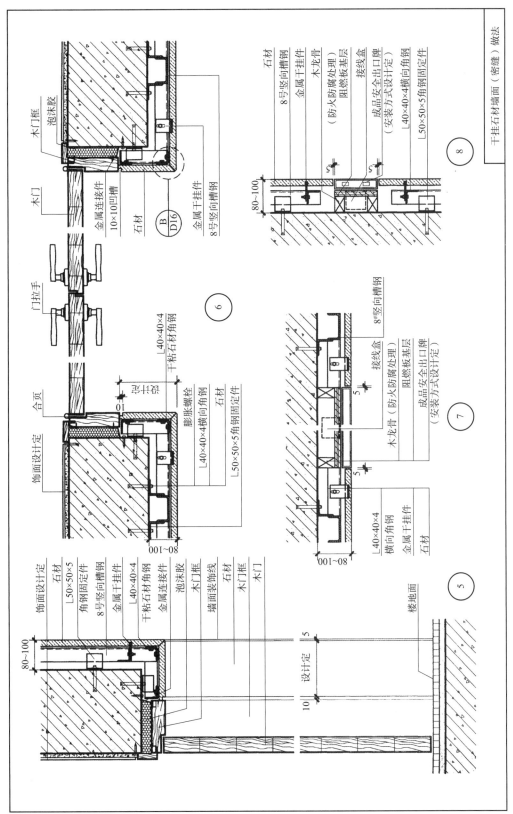

图 4-4-7 干挂石材墙面（密缝）做法（2）

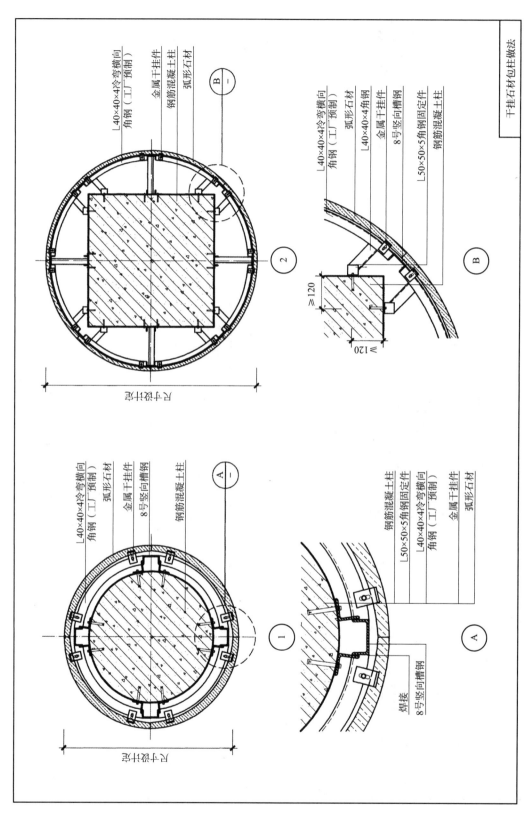

图 4-4-8 干挂石材包柱做法

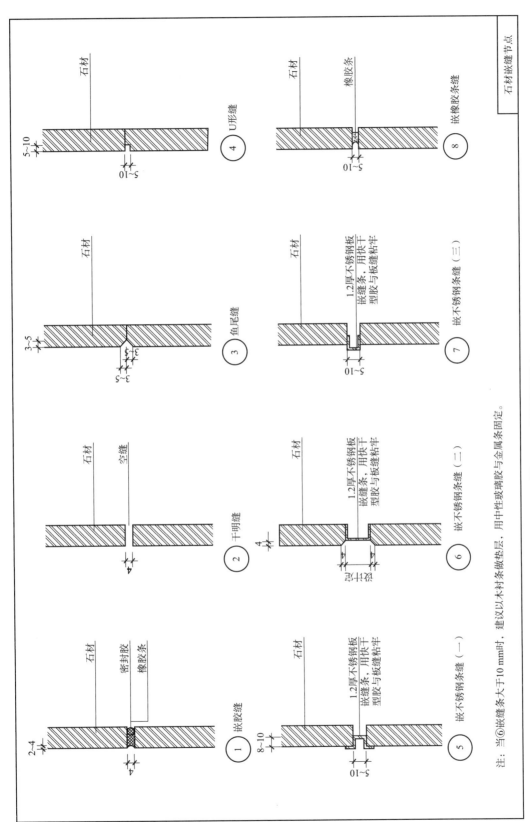

图 4-4-9 石材嵌缝节点

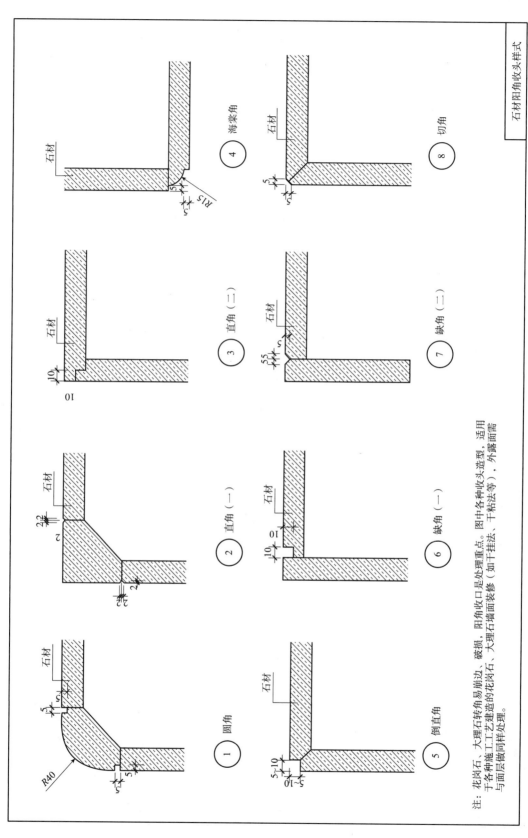

图 4-4-10 石材阴角收头样式

> 任务实操训练

一、任务内容

本任务以某住宅客厅干挂石材墙面为例,完成干挂石材装饰墙面施工图的设计与绘制。

相关说明:

(1)设计方案效果如图 4-4-11 所示。

图 4-4-11　某住宅客厅干挂石材装饰墙面效果图

(2)相关尺寸数据如图 4-4-12、图 4-4-13 所示。

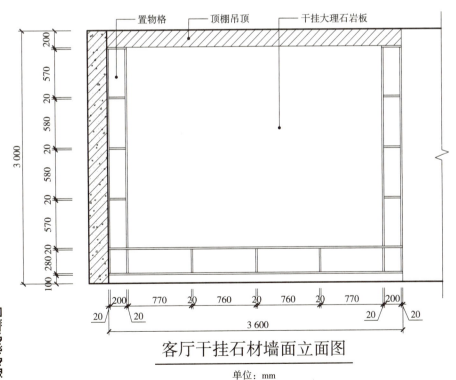

扫码查看图 4-4-12

图 4-4-12　某住宅客厅干挂石材墙面立面图

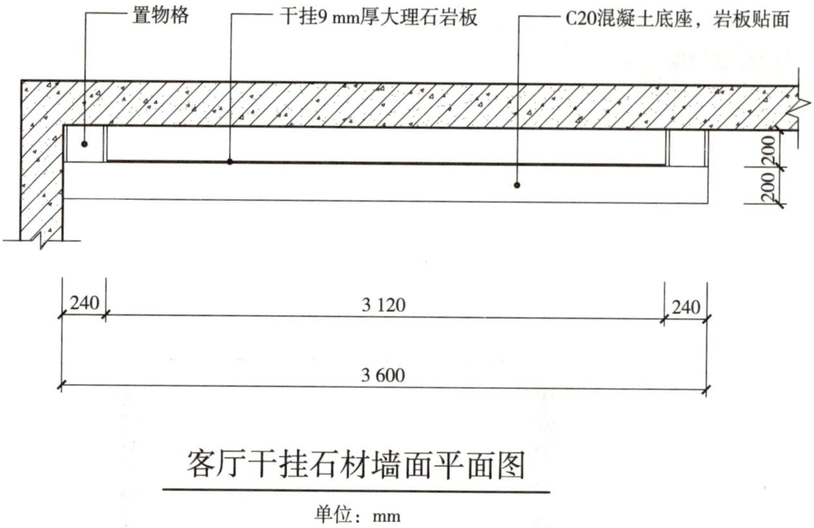

置物格　干挂9 mm厚大理石岩板　C20混凝土底座，岩板贴面

240　3 120　240
3 600

客厅干挂石材墙面平面图

单位：mm

扫码查看图 4-4-13

图 4-4-13　某住宅客厅干挂石材墙面平面图

（3）竖向龙骨为 8 号槽钢，横向龙骨为 L40×40×4 角钢，固定件为 L50×50×5 角钢。

二、任务要求

（1）掌握干挂石材装饰墙面施工图的设计及图纸绘制方法。
（2）根据设计方案，使用 CAD 软件绘制客厅干挂石材装饰墙面施工图及相关详图。
（3）掌握干挂石材装饰墙面构造及施工工艺。
（4）图纸表达内容完整，制图规范，图面美观。

任务五　陶瓷墙砖墙面施工图设计与绘制

教学目标

了解陶瓷墙砖的种类及特点；掌握陶瓷墙砖墙面构造；掌握陶瓷墙砖墙面设计要点；掌握陶瓷墙砖墙面施工图的图示内容与方法；能够结合国家标准图集《内装修—墙面装修》(13J502-1)，看懂陶瓷墙砖墙面施工图及相关详图；能够根据设计方案完成"陶瓷墙砖墙面施工图"的设计与绘制。

教学重点与难点

1. 陶瓷墙砖墙面的构造。
2. 陶瓷墙砖墙面设计要点。
3. 陶瓷墙砖墙面施工图的图示内容与方法。

> 专业知识学习

陶瓷墙砖具有无毒、无味、易清洁、防潮、耐酸碱腐蚀、美观耐用等特点，是厨房、卫生间、阳台墙面理想的装修材料。目前，陶瓷的技术在不断革新，突破了传统陶瓷砖的造型局限，可逼真表现天然装饰材料，也可按设计师的构想制造具有鲜明个性色彩的装饰纹理和颜色，因此，设计师在设计过程中，可以通过更多的选择来提升设计意图的表达。

如图 4-5-1 所示为陶瓷墙砖在电视背景墙上的应用。

图 4-5-1　陶瓷墙砖在电视背景墙上的应用

一、陶瓷墙砖的种类及特点

陶瓷墙砖的分类方法有多种。

1. 按用途分类

（1）内墙砖：用于内墙装饰。主要特征是釉面光泽度高，装饰手法丰富，外观质量和尺寸精度都比较高。

（2）外墙砖：用于外墙装饰，根据室外气温不同，选择不同吸水率的砖铺贴。寒冷地区应选用吸水率小于 3% 的砖，外墙砖的釉面多为半无光（亚光）或无光，吸水率小的砖不施釉。

2. 按材质吸水率分类

按照材质吸水率的不同可分为瓷质砖、半瓷砖和陶质砖。

（1）瓷质砖：一般用于地面的装修，吸水率小于 0.5%，吸湿膨胀极小。瓷质砖是由天然石料破碎后添加化学胶粘剂压合经高温烧结而成。砖的烧结温度高，瓷化程度好。常见的各种抛光砖、通体砖、玻化砖大部分都是瓷质砖。瓷质砖吸水率低，具有天然石材的质感，而且更具有高光性、高硬度、高耐磨性、高抗污性、色差少及规格多样化和色彩丰富的优点。适合常年使用，不变色，质感始终如新。耐磨损度、耐磨度是瓷砖之最。耐酸、耐碱，不留污渍，易于清洗。

（2）半瓷砖：吸水率为0.5%～10%。半瓷砖又根据吸水率的不同细分为炻瓷砖、细炻砖、炻质砖。半瓷砖集合了瓷质砖和陶质砖各自的特点，没有单方面的突出，也避免了绝对的不足，在陶瓷市场上也很受欢迎。常见的半瓷砖有仿古砖、小地砖（地爬墙）、水晶砖、耐磨砖、亚光砖等。

（3）陶质砖：吸水率较大，吸水率大于10%，一般为10%～21%。色彩图案丰富，防污能力强，一般用于墙壁的装修。瓷片、陶管、饰面瓦、琉璃制品等一般都是陶质的。其优点：安全实用，克服了瓷砖易脱落伤人的安全隐患，尤其适合作为高层建筑和外墙保温系统的装饰材料。还可以随意赋形，突破了传统陶瓷砖的造型局限，逼真表现天然装饰材料，如木、皮、石、砖、布、金属等的纹理和颜色。

陶瓷墙砖产品种类、特点及适用范围见表4-5-1，陶瓷墙砖常用产品规格尺寸见表4-5-2。

表 4-5-1　陶瓷墙砖产品种类、特点及适用范围

产品种类	特点及适用范围
釉面砖	砖的表面涂有一层彩色的釉面，经加工烧制而成，根据原料可分为陶质釉面砖和瓷质釉面砖两种，它们的区别如下： (1)陶质釉面砖，即由陶土烧制而成，吸水率较高，强度相对较低。其主要特征是背面颜色为红色。 (2)瓷质釉面砖，即由瓷土烧制而成，吸水率较低，强度相对较高。其主要特征是背面颜色为灰白色。 优点：砖体表面色彩和图案丰富，防污能力强，特别易于清洗保养，主要用于厨房、卫生间的墙面装修。 缺点：因为表面是釉料，所以耐磨性不如抛光砖，质量欠佳的砖体热胀冷缩容易产生龟裂
抛光砖	不上釉料，烧制好后，表面再经过抛光处理，表面很光滑，背面是砖的本来面目。 优点：经过抛光工艺处理，砖体通透犹如镜面，能够使整个空间看起来更加明亮。 缺点：防滑性能差，质量较差的抛光砖容易渗入液体，不易擦拭
玻化砖	与抛光砖类似，但制作要求更高，要求压机更好，能够压制更高的密度，同时烧制的温度更高，能够做到全瓷化。这两种砖一般比较大，主要用于客厅、门庭、走廊等区域，很少用于卫生间和厨房等多水的地方。 优点：玻化砖就是强化的抛光砖，能够在一定程度上解决抛光砖容易脏的问题。 缺点：色泽单一、易脏、不防滑、容易渗入液体等
仿古砖	仿古砖实质上是上釉的瓷质砖。所谓仿古，指的是砖的效果，准确应该称为仿古效果的瓷砖。 优点：数千吨液压机压制后，再经上千摄氏度高温烧结，使其强度高，具有极强的耐磨性，经过精心研制的仿古砖兼具了防水、防滑、耐腐蚀的特性。仿古砖仿造以往的样式做旧，用着古典的独特韵味吸引着人们的目光，为体现岁月的沧桑、历史的厚重，仿古砖通过样式、颜色、图案，营造出怀旧的氛围。 缺点：选花色的时候不要选那些容易过时的花色，防污能力较抛光砖稍差
通体砖	通体砖是不上釉的瓷质砖，正反面的材质和色泽一致，有很好的防滑性和耐磨性。人们平常所说的防滑砖大部分都是通体砖，被广泛用于客厅、走廊和室外过道等地面。 优点：样式古朴，价格实惠，其坚硬、耐磨、防滑的特性尤其适合阳台、露台等区域铺设。表面抛光后硬度可与石材相媲美，吸水率低。 缺点：通体砖是一种耐磨砖，虽然现在还有渗花通体砖等品种，但相对来说，其花色比不上釉面砖

续表

产品种类	特点及适用范围
陶瓷马赛克	陶瓷马赛克由数十小块的砖组成一个相对大的砖。主要可分为大理石马赛克、玻璃马赛克。因小巧玲珑、色彩斑斓被广泛用于小面积室内外地面、墙面。 优点：耐酸碱、耐磨、不渗水、抗压能力强、不易破碎、色彩丰富、美观大方、稳定性好、不变色、不积尘、粘结牢固。 缺点：缝隙太多，容易脏、难清洗，厨房尽量避免使用
微晶石瓷砖	微晶石瓷砖又称微晶玻璃陶瓷复合板，将一层3～5 mm的微晶玻璃复合在陶瓷玻化石的表面，经二次烧结后完融为一体。简单来说，微晶石瓷砖与其他瓷砖产品的最大区别就在于表面多了一层微晶玻璃。 优点：质感柔和细腻、应用范围广泛(宾馆、写字楼、车站机场等内外装饰，家庭的高级装修，如墙面、地面、饰板、家具、台盆面板等)、抗污染性较强。 缺点：强度较低、划痕明显、容易显脏
全抛釉瓷砖	集抛光砖与仿古砖优点于一体，釉面如抛光砖般光滑亮洁，同时，其釉面花色如仿古砖般图案丰富，色彩厚重或绚丽。 优点：花纹华丽，色彩丰富，更能为家居空间提高明亮程度，营造明亮大气的视觉效果。 缺点：防滑度不高
劈离砖	色调古朴高雅、背纹深、燕尾槽构造、粘贴牢固、不易脱落、防冻性能好。主要用于室外墙面

表 4-5-2　陶瓷墙砖常用产品规格尺寸表

项目	彩釉砖	釉面砖	瓷质砖	劈离砖
规格尺寸/mm	100×200×7	100×100×5	200×300×8	40×240×12
	150×150×7	152×152×5	300×300×9	70×240×12
	200×150×8	152×200×5	400×400×9	100×240×15
	200×200×8	100×200×5.5	500×500×11	200×200×15
	250×150×8	150×250×5.5	600×600×12	240×60×12
	250×250×8	200×200×6	800×800×12	240×240×16
	200×300×9	200×300×7	1 000×1 000×13	240×115×16
	300×300×9	250×330×8	1 000×600×13	240×53×16
	400×400×9	300×450×8	1 200×1 200×13	—
	异形尺寸	异形尺寸	异形尺寸	异形尺寸

二、陶瓷墙砖墙面构造

陶瓷墙砖墙面施工有湿贴和干挂两种做法。湿贴是使用水泥砂浆进行墙砖粘贴的工艺，常使用于家庭装修，这种工艺可以使得瓷砖粘贴得更加牢固，多用于卫生间和厨房的瓷砖粘贴(图4-5-2)；干挂是指用钢骨架及不锈钢挂件将钢骨架与陶瓷墙砖连接的施工方式(图4-5-3)，多用于大面积墙面的施工作业中，不常在家装中见到，因需要打龙骨，所以比较占用室内空间。

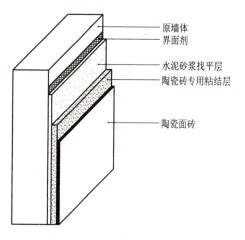
图 4-5-2 陶瓷墙砖镶贴施工示意

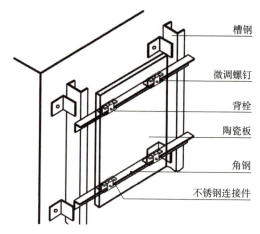
图 4-5-3 干挂陶瓷墙砖墙面施工示意

三、陶瓷墙砖墙面设计要点

1. 陶瓷墙砖的选择

(1)陶瓷墙砖选择时注意质量、型号、色泽、规格一致，墙砖边缘棱角整齐，不得缺损，表面不得有变色、起碱、污点、砂浆流痕和显著光泽受损处。

(2)按设计要求采用横平竖直通缝式粘贴或错缝粘贴。质量检查时要检查缝宽、缝直等内容。

(3)陶瓷墙砖施工设计要参考墙砖的吸水率(E)，吸水率$E \geqslant 5\%$时，选用水泥基胶粘剂；吸水率$0.2\% < E < 5\%$时，选用膏状乳液胶粘剂；吸水率$E \leqslant 0.2\%$时，选用反应型树脂胶粘剂。

2. 干挂陶瓷墙砖龙骨设计与施工要求

(1)初排弹线分格：根据设计图纸和陶瓷墙砖的尺寸先在墙上预排，保证窗间墙排板的一致性。若建筑物实际尺寸与设计图纸有出入而出现不整板现象，要把不完整的陶瓷墙砖调整到墙面的角处，并做到窗两边对称。

(2)安装竖向、横向龙骨：龙骨大小根据设计图纸确定，竖向龙骨为L50×50×5角钢，间距与陶瓷墙砖墙面竖向分缝位置相对应。横向龙骨为U40×40×45×4，间距不大于1 200 mm，安装前先打好孔，用于安装陶瓷墙砖的金属连接件。

(3)干挂陶瓷墙砖需要专业人员先在墙砖两端用水钻钻孔，孔中心距离板端80~100 mm，孔深为6~7 mm。

(4)安装金属连接件：金属连接件一端与横向龙骨用螺栓连接，另一端有上下垂直分开的承插板，先不紧固螺栓，待陶瓷砖固定好，检查平整度后再拧紧。

(5)紧固找平：检查竖直缝、水平缝、板的平整度、垂直度合格后，拧紧螺栓，陶瓷墙砖位置应逐一固定。

四、陶瓷墙砖墙面施工图的图示内容与方法

根据图 4-5-4~图 4-5-7，结合国家标准图集《内装修—墙面装修》(13J502-1)，识读陶瓷墙砖墙面做法施工图及节点详图。

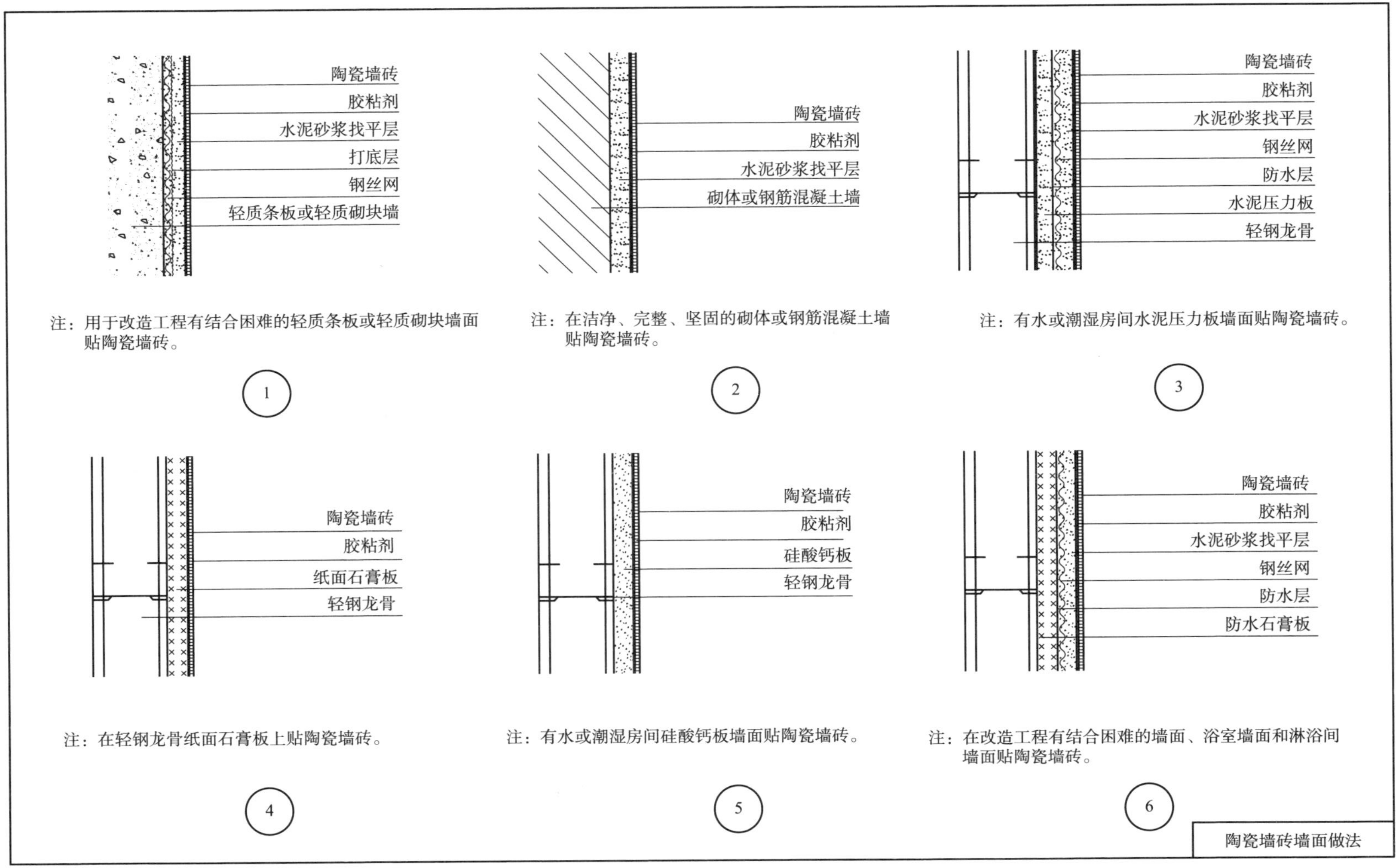

图 4-5-4 陶瓷墙砖墙面做法

① 陶瓷墙砖 / 胶粘剂 / 水泥砂浆找平层 / 打底层 / 钢丝网 / 轻质条板或轻质砌块墙
注：用于改造工程有结合困难的轻质条板或轻质砌块墙面贴陶瓷墙砖。

② 陶瓷墙砖 / 胶粘剂 / 水泥砂浆找平层 / 砌体或钢筋混凝土墙
注：在洁净、完整、坚固的砌体或钢筋混凝土墙贴陶瓷墙砖。

③ 陶瓷墙砖 / 胶粘剂 / 水泥砂浆找平层 / 钢丝网 / 防水层 / 水泥压力板 / 轻钢龙骨
注：有水或潮湿房间水泥压力板墙面贴陶瓷墙砖。

④ 陶瓷墙砖 / 胶粘剂 / 纸面石膏板 / 轻钢龙骨
注：在轻钢龙骨纸面石膏板上贴陶瓷墙砖。

⑤ 陶瓷墙砖 / 胶粘剂 / 硅酸钙板 / 轻钢龙骨
注：有水或潮湿房间硅酸钙板墙面贴陶瓷墙砖。

⑥ 陶瓷墙砖 / 胶粘剂 / 水泥砂浆找平层 / 钢丝网 / 防水层
注：在改造工程有结合困难的墙面、浴室墙面和淋浴间墙面贴陶瓷墙砖。

陶瓷墙砖墙面做法

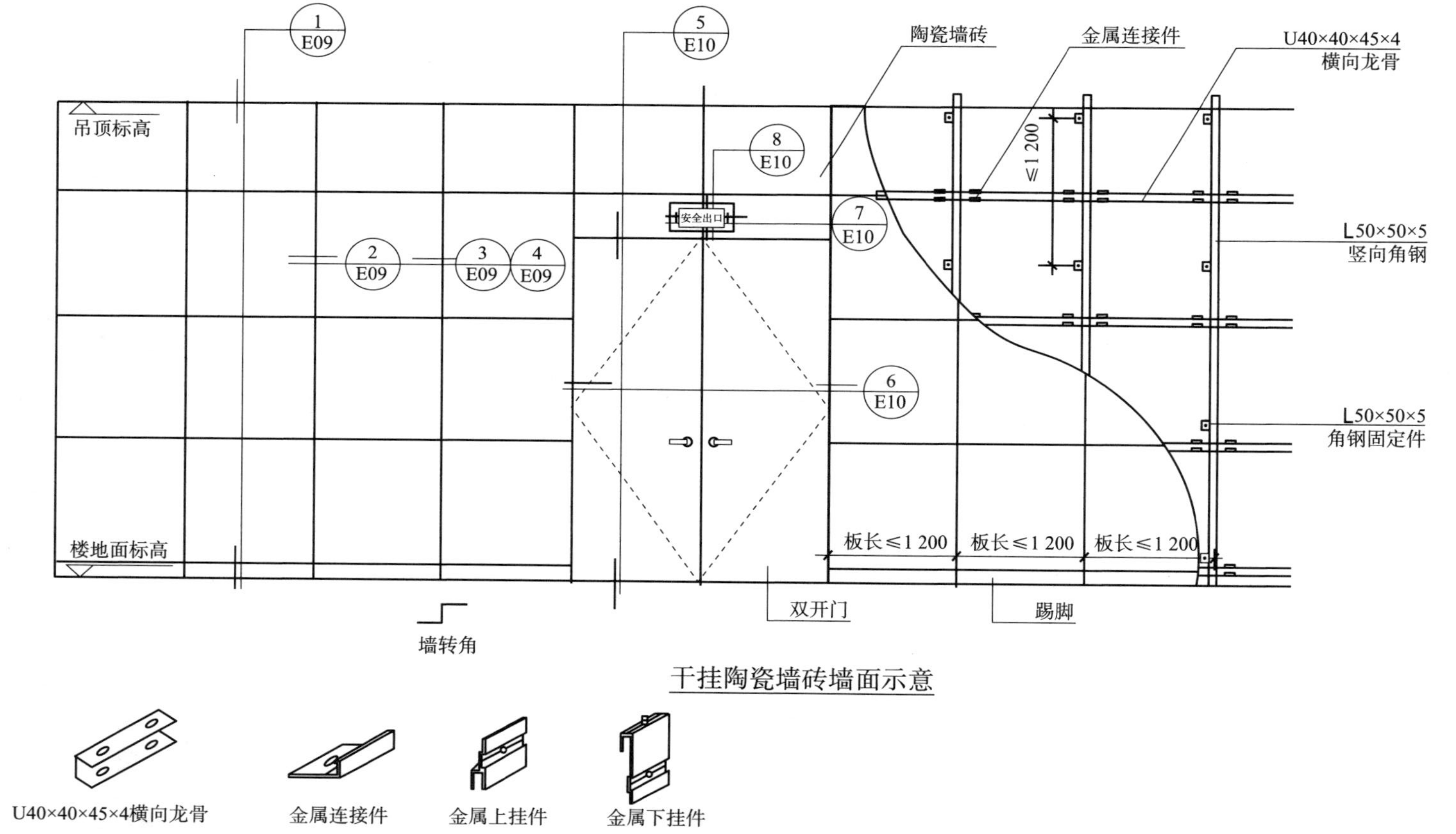

注：本图适用于钢筋混凝土墙。如为轻质隔墙时，则竖向钢龙骨应与结构楼板（梁）顶、底及混凝土圈梁固定，钢龙骨用料大小需经结构计算，所有钢骨架需做防锈处理

干挂陶瓷墙砖墙面示意

图 4-5-5　干挂陶瓷墙砖墙面示意

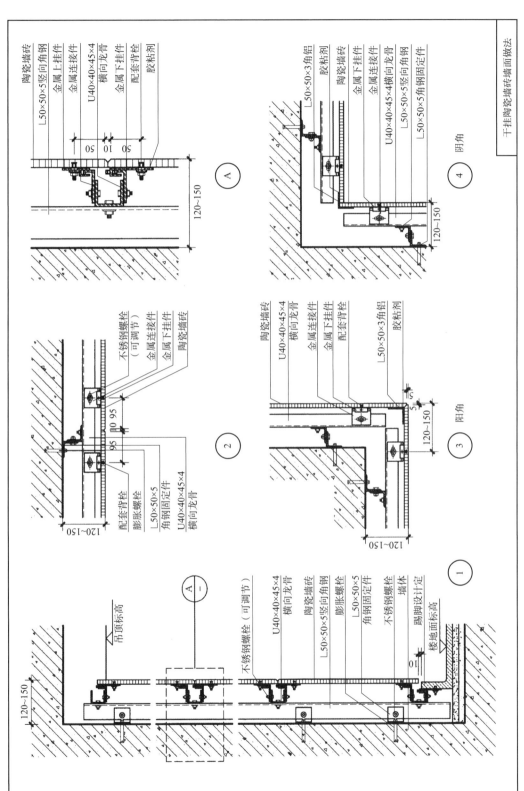

图 4-5-6 干挂陶瓷墙砖墙面做法（1）

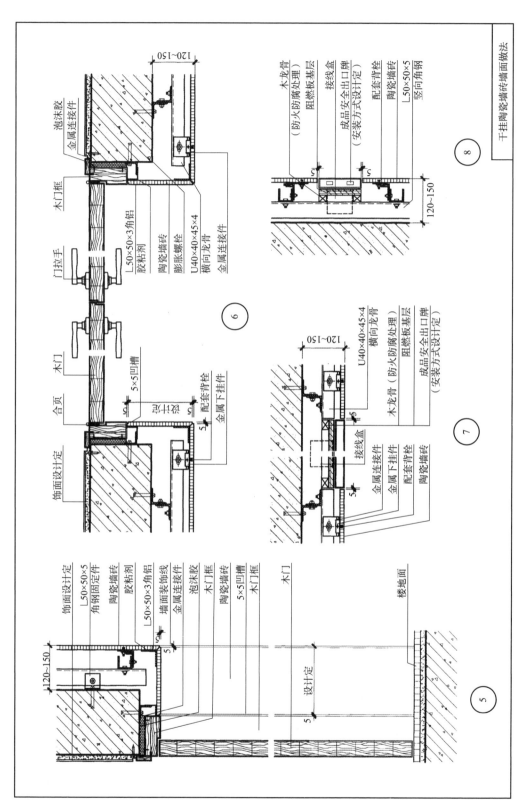

图 4-5-7 干挂陶瓷墙砖墙面做法（2）

扫码查看图 4-5-4　　　扫码查看图 4-5-5　　　扫码查看图 4-5-6　　　扫码查看图 4-5-7

任务实操训练

一、任务内容

本任务以某住宅客厅陶瓷墙砖电视背景墙为例，完成陶瓷墙砖墙面施工图的设计与绘制。

相关说明：

(1)设计方案效果如图 4-5-8 所示。

(2)相关尺寸数据如图 4-5-9 所示。

图 4-5-8　某住宅客厅陶瓷墙砖电视背景墙效果图

二、任务要求

(1)掌握陶瓷墙砖墙面施工图的设计及图纸绘制方法。

(2)根据设计方案，使用 CAD 软件绘制客厅陶瓷墙砖电视背景墙施工图及相关详图。

(3)掌握陶瓷墙砖墙面构造及施工工艺。

(4)图纸表达内容完整，制图规范，图面美观。

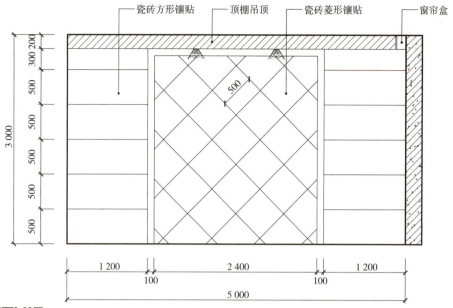

扫码查看图 4-5-9

客厅陶瓷墙砖电视背景墙立面图

单位：mm

图 4-5-9　某住宅客厅陶瓷墙砖电视背景墙立面图

任务六　金属装饰板墙面施工图设计与绘制

教学目标

掌握金属装饰板墙面构造；掌握金属装饰板墙面设计要点；掌握金属装饰板墙面施工图的图示内容与方法；能够结合国家标准图集《内装修—墙面装修》(13J502-1)，看懂"金属装饰板墙面施工图及相关详图"；能够根据设计方案完成"金属装饰板墙面施工图"的设计与绘制。

教学重点与难点

1. 金属装饰板墙面构造。
2. 金属装饰板墙面设计要点。
3. 金属装饰板墙面施工图的图示内容与方法。

专业知识学习

常见的金属饰面板是在中密度纤维板(简称 MDF)板材的基础上，用各种花色的铝箔热压在 MDF 表面，制作单面及双面各种花色图案风格的金属饰面板，有拉丝效果、彩绘效果等。它具有自重小、安装简便、耐候性好的特点,更突出的是可以使建筑物的外观色彩鲜艳、线条清晰、庄重典雅,这种独特的装饰效果受到建筑设计师的青睐。因为铝箔本身是金属,拥有金属光亮质感,再加上花纹处理,使金属板的种类更加多样化,可以满足各种设计的需求。

金属装饰板如图 4-6-1 所示,金属装饰板墙面应用如图 4-6-2 所示。

图 4-6-1　金属装饰板

图 4-6-2　金属装饰板墙面应用

一、金属装饰板墙面构造

金属装饰板墙面结构示意如图 4-6-3 所示。

二、金属装饰板墙面设计要点

(1)金属装饰板墙面施工前角钢固定件提前打好孔,用膨胀螺栓固定在墙面上,位置与竖向龙骨位置对应,竖向龙骨预先进行防锈处理。

(2)金属装饰板安装时上下左右偏差不大于 1.5 mm。

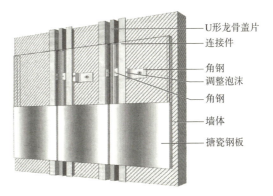

图 4-6-3　金属装饰板墙面结构示意

(3)□50×50×5 竖向方钢龙骨间距与金属装饰板(板长≤1 200 mm)规格尺寸一致,减少现场切割。

(4)金属装饰板墙面安装上下板的配套铝槽间距为 150 mm,固定竖向龙骨的 L50×50×5 角钢固定件间距不大于 1 200 mm。

三、金属装饰板墙面施工图的图示内容与方法

根据图 4-6-4～图 4-6-6,结合国家标准图集《内装修—墙面装修》(13J502-1),识读金属装饰板墙面做法施工图及节点详图。

扫码查看图 4-6-4

扫码查看图 4-6-5

扫码查看图 4-6-6

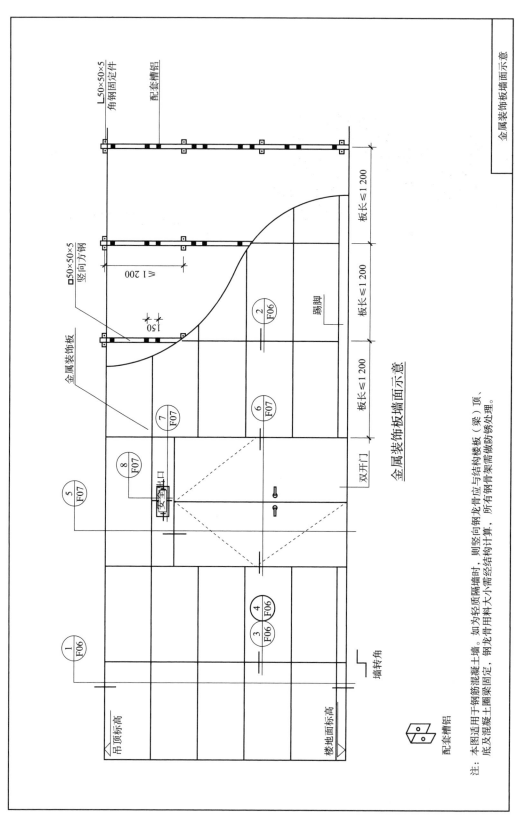

图 4-6-4 金属装饰板墙面示意

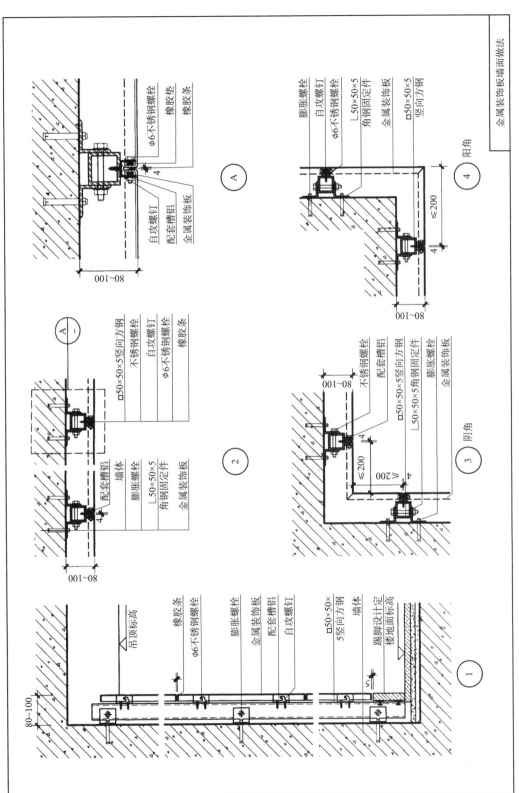

图 4-6-5 金属装饰板墙面做法（1）

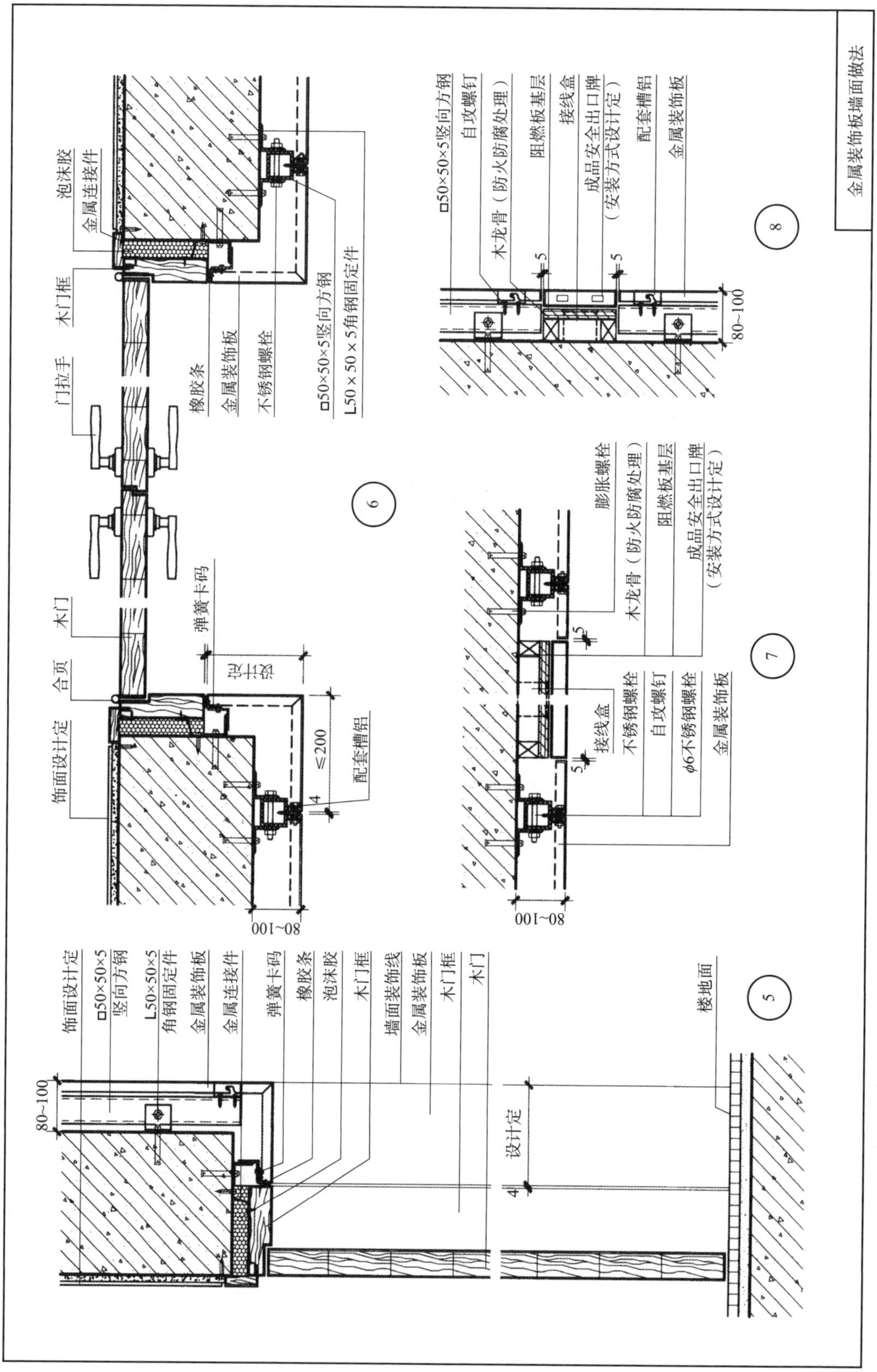

图 4-6-6 金属装饰板墙面做法（2）

任务实操训练

一、任务内容

本任务以某住宅客厅金属装饰板电视背景墙为例,完成金属装饰板电视背景墙面施工图的设计与绘制。

相关说明:

(1)设计方案效果如图 4-6-7 所示。

(2)相关尺寸数据如图 4-6-8 所示。

扫码查看图 4-6-8

图 4-6-7　某住宅客厅金属装饰板电视背景墙效果图

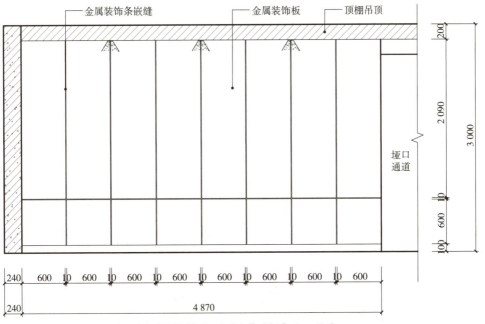

客厅金属装饰板电视背景墙立面图

单位:mm

图 4-6-8　某住宅客厅金属装饰板电视背景墙立面图

二、任务要求

(1) 掌握金属装饰板墙面施工图的设计及图纸绘制方法。
(2) 根据设计方案，使用 CAD 软件绘制客厅金属装饰电视板墙施工图及相关详图。
(3) 掌握金属装饰板墙面构造及施工工艺。
(4) 图纸表达内容完整，制图规范，图面美观。

任务七　玻璃装饰墙面施工图设计与绘制

教学目标

掌握不同玻璃装饰墙面的构造组成；掌握玻璃装饰墙面的设计要点；掌握玻璃装饰墙面施工图的图示内容与方法，能够结合国家标准图集《内装修—墙面装修》(13J502-1)，看懂干粘玻璃墙面做法、点式玻璃墙面做法、玻璃砖墙做法；能够根据设计方案完成"玻璃装饰墙面施工图"的设计与绘制。

教学重点与难点

1. 玻璃装饰墙面构造。
2. 玻璃装饰墙面设计要点。
3. 玻璃装饰墙面的图示内容与方法。

专业知识学习

装饰玻璃在装修中的使用是非常普遍的，从外墙窗户到室内屏风、隔断、背景墙等都会使用到。装饰玻璃作为装饰材料的选择是比较丰富的，大部分都经过深加工，有雕刻花的、磨花的、磨砂的、彩绘的等。目前，市场上的装饰玻璃的种类越来越多，有钢化玻璃、喷砂玻璃、磨砂玻璃、浮法玻璃、裂纹玻璃、镶嵌玻璃、压花玻璃、玉砂玻璃、钻石玻璃、夹胶玻璃、浮雕玻璃、热熔玻璃、彩绘玻璃、镀膜玻璃、烤漆玻璃、夹丝玻璃、夹绢玻璃、热弯玻璃、玻璃砖等。

如图 4-7-1 所示为装饰玻璃背景墙。

图 4-7-1　装饰玻璃背景墙

一、玻璃装饰墙面构造

各种玻璃墙面的示意如图 4-7-2～图 4-7-4 所示。

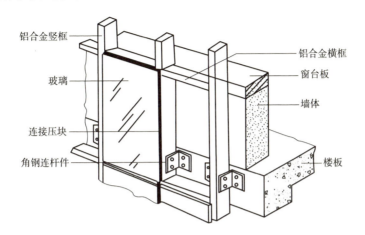

图 4-7-2　干粘玻璃墙面构造示意

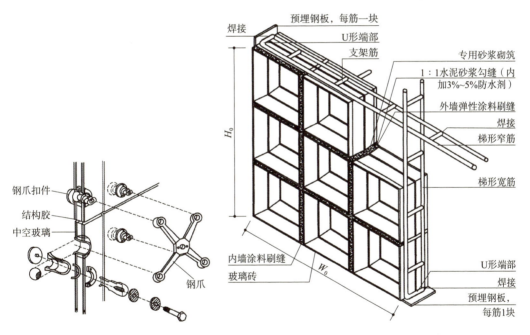

图 4-7-3　点式玻璃墙面构造示意　　图 4-7-4　玻璃砖墙构造示意

二、玻璃装饰墙面设计要点

1. 干粘玻璃墙面设计要求

(1)角钢固定件上开长圆孔,便于施工时调节位置和考虑不同材质的热胀冷缩。

(2)L50×50×5 角钢固定件和□40×40×3 竖向钢龙骨采用焊接方式连接,两个角钢固定件的间距不大于 1 200 mm,□40×40×3 横向钢龙骨和□40×40×3 竖向钢龙骨采用焊接连接,间距不大于 1 200 mm,且横竖龙骨表面平齐。

(3)干粘玻璃墙面安装需要在钢龙骨上铺设12 mm厚阻燃板。

2. 点式玻璃设计要求

(1)横向支座在安装前应先按图纸尺寸加长1～3 mm呈自由状态，先上后下按控制单元逐层安装。

(2)点式玻璃墙面采用12 mm厚夹层钢化玻璃。

3. 玻璃砖墙设计要求

(1)玻璃砖墙适用于建筑物的非承重墙体。内墙装饰用80 mm厚或95 mm厚玻璃砖，可用于抗震设防烈度7度及7度以下地区，当抗震设防烈度大于7度时，玻璃砖墙体的控制面积需要经单独计算确定。

(2)室内玻璃砖墙应建在用$2\times\phi6$、$2\times\phi8$钢筋增强的混凝土基础之上，基础高度不得大于150 mm或由设计具体确定。用80 mm厚玻璃砖砌的隔墙，基础宽度不得小于100 mm；用95 mm厚玻璃砖砌的隔墙，基础宽度不得小于120 mm。

(3)在与建筑结构连接时，室内玻璃砖墙与玻璃型材框接触的部位应留有伸缩缝。玻璃砖深入顶部玻璃型材中的尺寸不得小于10 mm，且不大于25 mm。玻璃砖与玻璃型材接触部位应留有伸缩缝设置缓冲材料，玻璃砖之间的接缝不得小于10 mm，且不得大于30 mm。

(4)固定玻璃型材框用膨胀螺栓直径不得小于8 mm，间距不得大于500 mm。

三、玻璃装饰墙面施工图的图示内容与方法

根据图4-7-5～图4-7-12，结合国家标准图集《内装修—墙面装修》(13J502-1)，识读干粘玻璃墙面、点式玻璃墙面、玻璃砖墙施工图及节点详图。

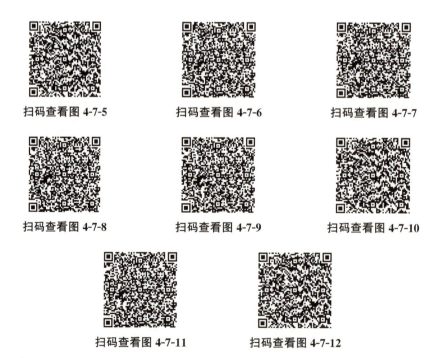

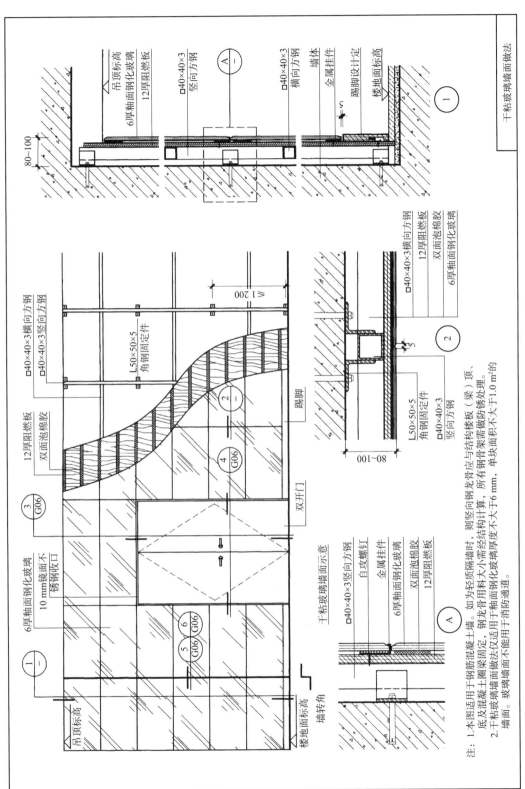

图 4-7-5 干粘玻璃墙面做法（1）

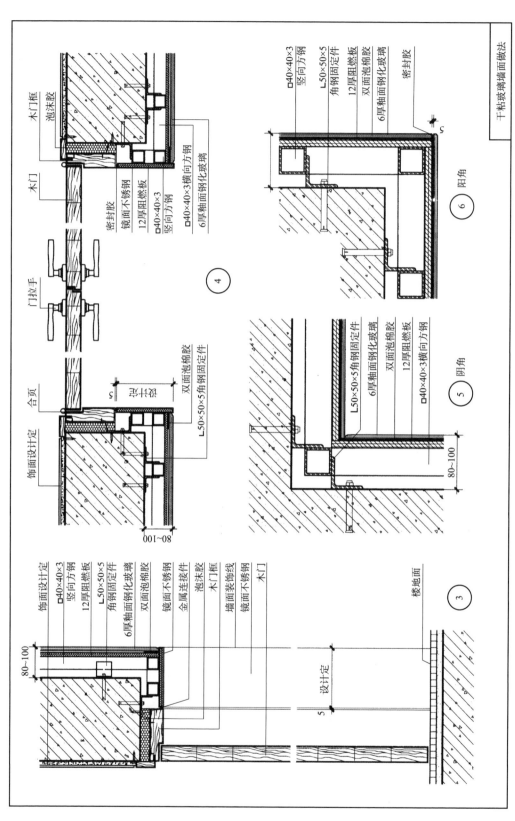

图 4-7-6 干粘玻璃墙面做法(2)

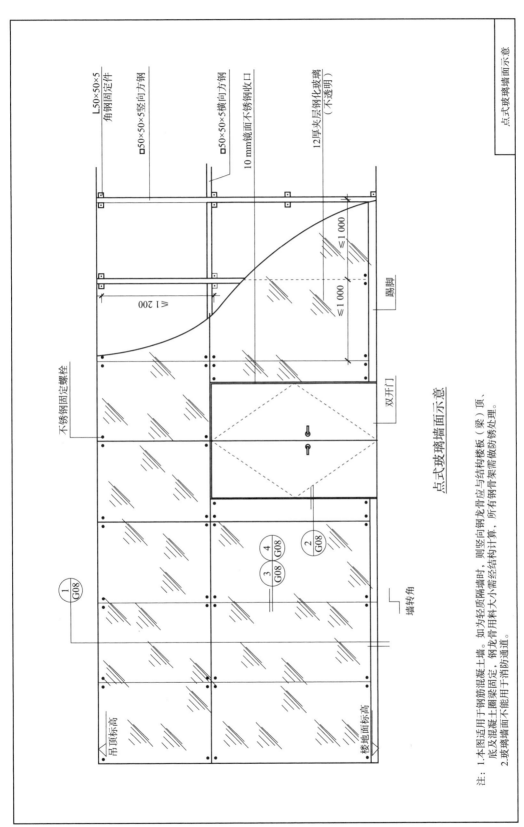

图 4-7-7　点式玻璃墙面示意

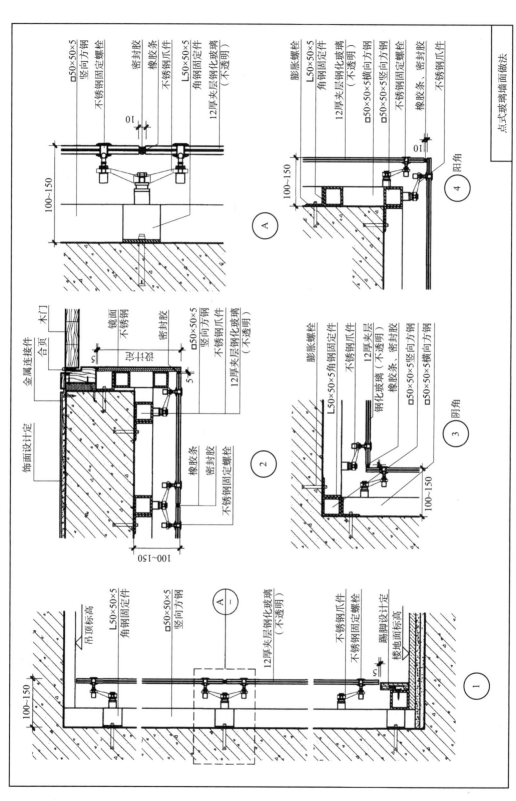

图 4-7-8 点式玻璃墙面做法

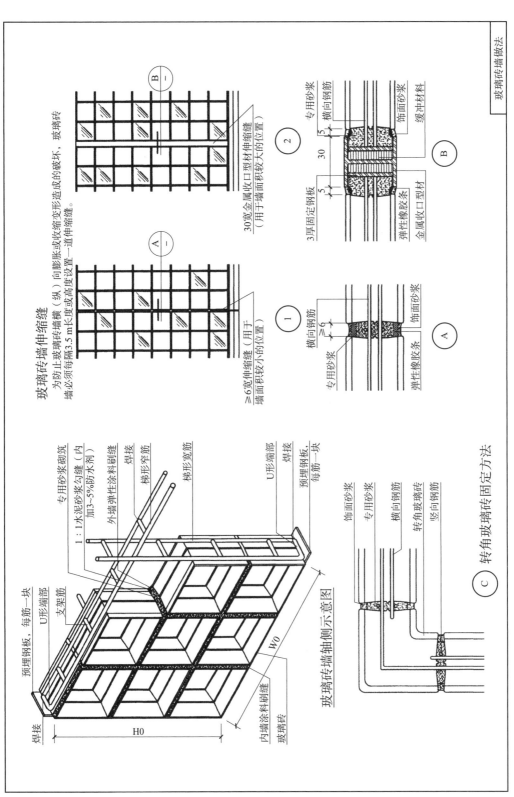

图 4-7-9 玻璃砖墙做法(1)

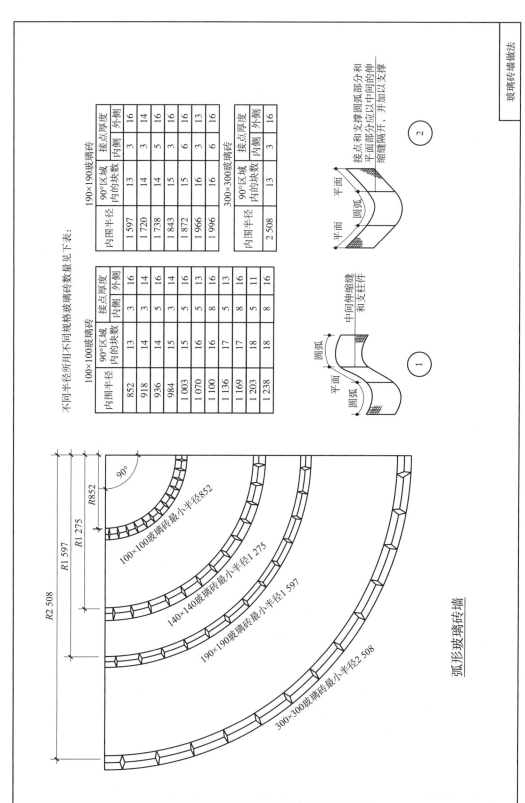

图 4-7-10 玻璃砖墙做法（2）

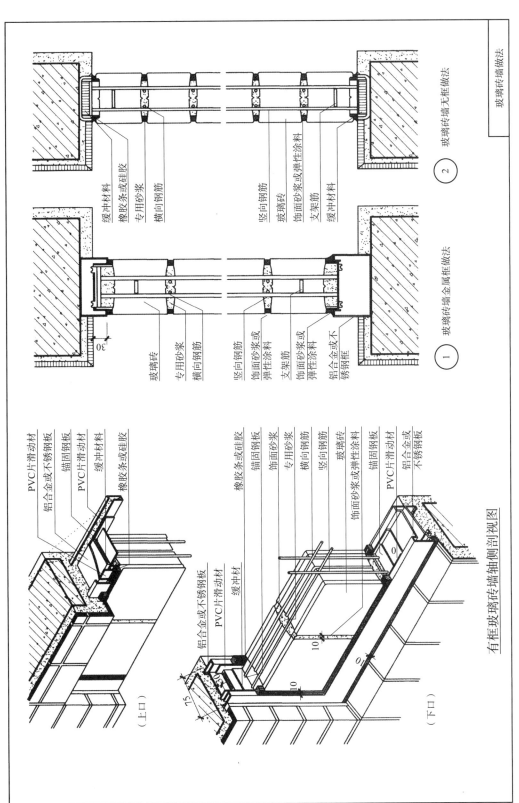

图 4-7-11 玻璃砖墙做法（3）

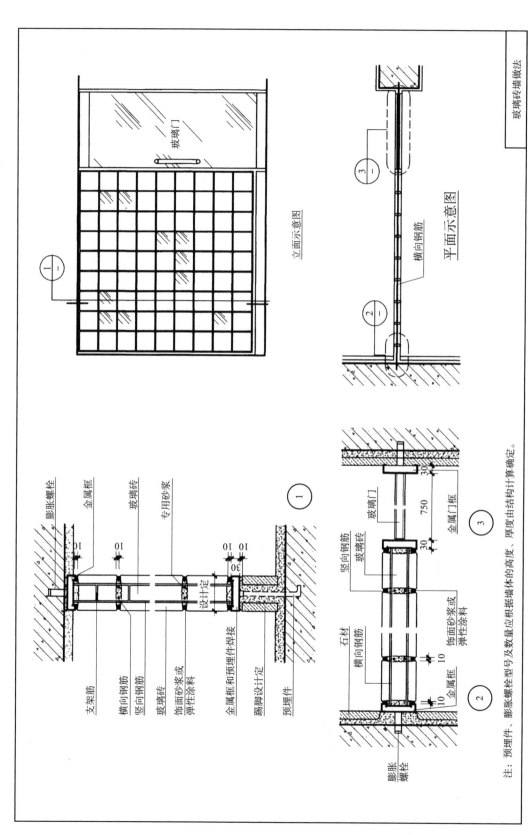

图 4-7-12 玻璃砖墙做法（4）

任务实操训练

一、任务内容

本任务以某住宅客厅玻璃装饰背景墙为例，完成干粘玻璃墙面施工图的设计与绘制。
相关说明：
(1)设计方案效果如图 4-7-13 所示。
(2)相关尺寸数据如图 4-7-14 所示。

图 4-7-13　某住宅客厅玻璃装饰背景墙效果图

二、任务要求

(1)掌握玻璃装饰墙面施工图的设计及图纸绘制方法。
(2)根据设计方案，使用 CAD 软件绘制干粘玻璃墙面施工图及相关详图。
(3)掌握干粘玻璃墙面构造及施工工艺。
(4)图纸表达内容完整，制图规范，图面美观。

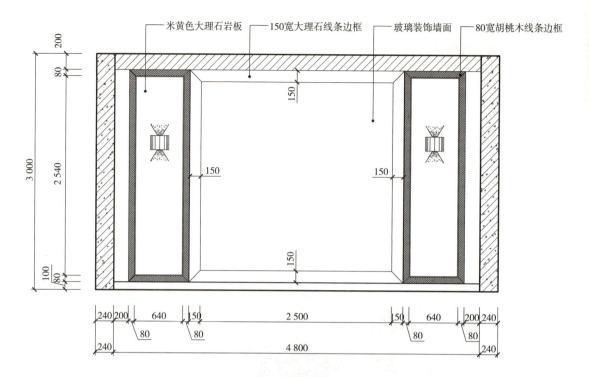

扫码查看图 4-7-14

客厅玻璃装饰背景墙立面图

单位：mm

图 4-7-14　某住宅客厅玻璃装饰背景墙立面图

任务八　木质护壁墙裙墙面施工图设计与绘制

教学目标

掌握木质护壁墙裙构造；掌握木质护壁墙裙墙面设计要点；掌握木质护壁墙裙墙面施工图的图示内容与方法；能够结合国家标准图集《内装修—墙面装修》（13J502-1），看懂"木质护壁墙裙墙面做法"；能够根据设计方案完成"木质护壁墙裙墙面施工图"的设计与绘制。

教学重点与难点

1. 木质护壁墙裙构造。
2. 木质护壁墙裙墙面设计要点。
3. 木质护壁墙裙墙面施工图的图示内容与方法。

专业知识学习

木质护壁墙裙是在墙的四周距地一定高度范围之内用木质装饰面板、木线条等材料制作,不仅能有效保护建筑墙面,又具有极佳的装饰性。

制作木质护壁墙裙的主要材料是护墙板,护墙板是一种新型装饰墙面的装饰材料,装饰作用好,且具有安装方便、快捷、不变形、寿命长等优点,而且还具有耐磨、防潮、耐腐蚀、隔热保温等特点。

护墙板的材质主要有实木板护墙板和人造板护墙板。

(1)实木板护墙板。实木板就是采用完整的木材(原木)制成的木板材。全实木板的护墙板耐磨系数更高、环保健康、装饰效果优于人造板,但是造价高。

(2)人造板护墙板。人造板护墙板种类繁多,如木质护墙板(多层板、中纤板、颗粒板、密度板制作而成)、玻璃钢护墙板、塑料贴面护墙板、热压覆塑护墙板等。人造板护墙板表面经过处理,有仿实木、仿石材、仿瓷砖、仿墙纸等多种图案。如图4-8-1所示为木质护壁墙裙的应用。

图 4-8-1　木质护壁墙裙的应用

一、木质护壁墙裙墙面构造

木质护壁墙裙墙面主要由墙板、装饰柱、顶角线、踢脚线、腰线组成,如图4-8-2所示。

木质护壁墙裙构造示意图如图4-8-3所示。

图 4-8-2　木质护壁墙裙的组成

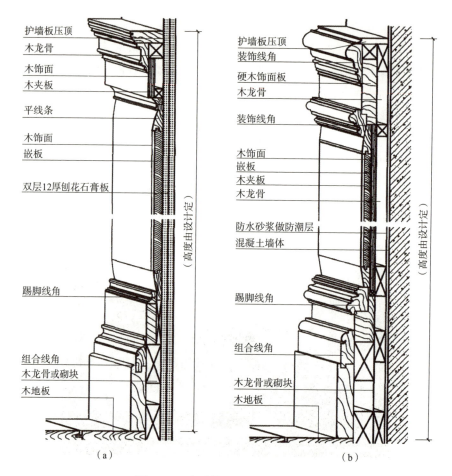

图 4-8-3 木质护壁墙裙构造示意图

二、木质护壁墙裙墙面设计要点

(1) 护壁板安装前，墙面应铲平、清除浮灰，对不平整的墙面应用腻子批刮平整。潮湿墙面应用防水涂料刷涂墙面。

(2) 安装木饰面护壁墙裙时，应保证基层墙面的平整度和垂直度。常规实木板护壁板是不能直接安装在墙面上的，需要在原墙面先用龙骨做个基层底架；在布置木龙骨架时要注意龙骨的间距保持在 300～600 mm，另外，龙骨表面应光滑且整体进行找方找直。

(3) 阴阳角处理。护壁板的阴阳角是施工的要点和难点，它的要求比较高，阴阳角要水平、笔直，对缝拼接为 45°。阳角处也可使用 L 形边条收口。

(4) 顶角线安装。护壁板上端安装顶角线主要起到固定和美观作用。一般选用专用胶来粘贴，粘贴时需要增强压顶条的黏结度，保证不至于出现脱落现象。

三、木质护壁墙裙墙面施工图的图示内容与方法

根据图 4-8-4～图 4-8-6，结合国家标准图集《内装修—墙面装修》(13J502-1)，识读木质护壁墙裙墙面施工图及节点详图。

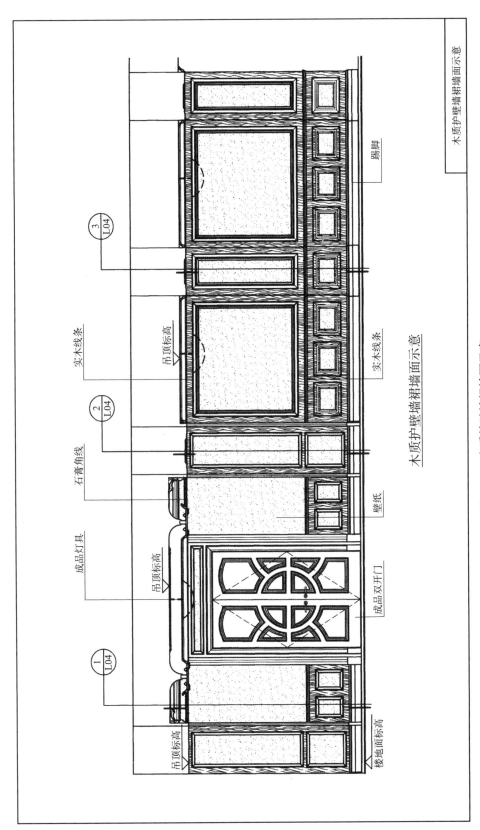

图 4-8-4 木质护壁墙裙墙面示意

240　模块四　墙柱面装饰装修施工图设计

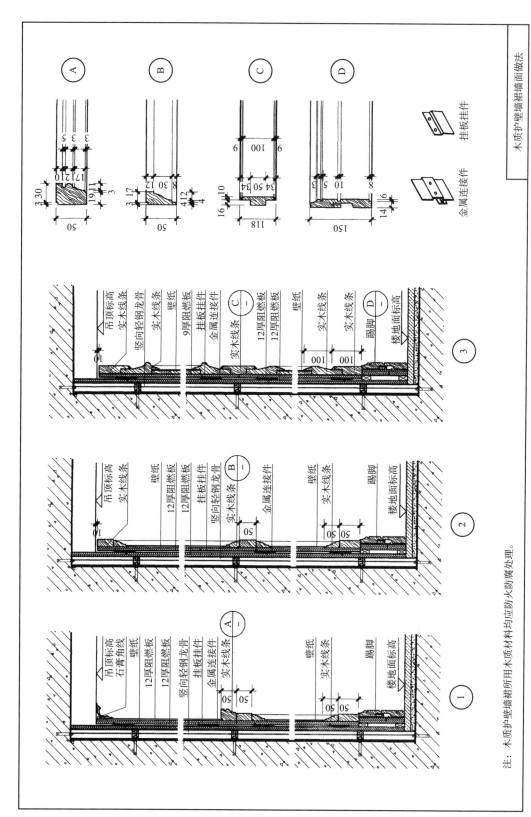

图 4-8-5　木质护壁墙裙墙面做法（1）

注：木质护壁墙裙所用木质材料均应防火防腐处理。

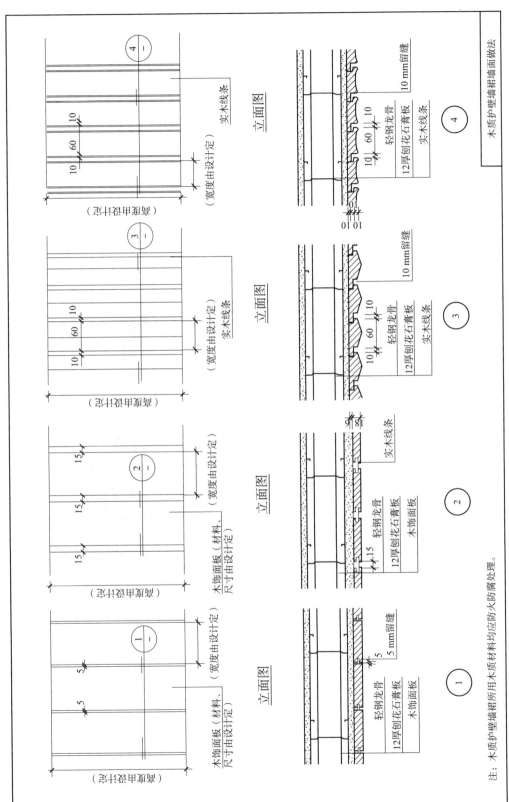

图 4-8-6 木质护壁墙裙墙面做法（2）

扫码查看图 4-8-4　　　扫码查看图 4-8-5　　　扫码查看图 4-8-6

任务实操训练

一、任务内容

本任务以木质护壁墙裙示意为例，完成木质护壁墙裙施工图的设计与绘制。
相关说明：
(1)设计方案效果如图 4-8-7 所示。
(2)相关尺寸数据如图 4-8-8 所示。

图 4-8-7　木质护壁墙裙效果图

二、任务要求

(1)掌握木质护壁墙裙施工图的设计及图纸绘制方法。
(2)根据设计方案，使用 CAD 软件绘制木质护壁墙裙施工图及相关详图。
(3)掌握木质护壁墙裙构造及施工工艺。
(4)图纸表达内容完整，制图规范，图面美观。

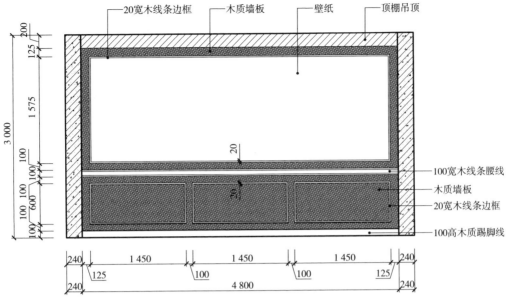

图 4-8-8 木质护壁墙裙立面图

扫码查看图 4-8-8

模块五 卫浴空间细部构造施工图设计

任务一 石材台面洗脸盆节点施工图设计与绘制

教学目标

了解石材台面的种类；掌握石材台面洗脸盆(台上盆、台下盆、一体式)的构造组成；掌握石材台面洗脸盆(台上盆、台下盆、一体式)施工图的图示内容与方法；能够看懂石材台面洗脸盆节点施工图；能够根据设计方案完成石材台面洗脸盆节点施工图的设计与绘制。

教学重点与难点

1. 石材台面洗脸盆(台上盆、台下盆、一体式)的构造组成。
2. 石材台面洗脸盆(台上盆、台下盆、一体式)施工图的图示内容与方法。
3. 石材台面洗脸盆节点设计要点。

专业知识学习

一、石材台面

石材台面是室内装修中常用的一种材料，常用于橱柜台面、浴室柜台面或窗台台面。其可分为天然石材台面和人造石材台面。

天然石材台面美观庄重，格调高雅；刚性好，硬度高，耐磨性强，易清洁；物理性稳定，组织致密，表面不起毛边，不影响其平面精度，能够保证长期不变形，线膨胀系数小，机械精度高。

人造石材台面没有任何的颜色差异，可以进行随意的切割，然后打磨成不同的形状。在拼接处可以使用一些特殊的处理，或者组成一些好看的图案，相对一般的天然石材台面更看不到明显的接缝；对于常见的油渍、水渍，都不会对人造石有所影响，比较容易清理干净；人造石的质量比较小，所以对于台下的柜体压力比较小。但是人造石表面硬度低，易划伤，抗渗能力相对较差，并可能有龟裂的危险。

二、石材台面洗脸盆的构造组成

1. 石材台面洗脸盆(台上盆)的构造组成

台上盆是直接放在台面上的一种洗脸盆。这种洗脸盆的明显特点是比较美观，台上盆除方形、圆形、椭圆形、花瓣形造型外还有非常多造型，可以适用于各种装修风格，呈现出来的装修效果特别好，而且它安装非常方便，日后的保养维修也很方便，由于盆的边缘受力均匀，所以承重力也很好。台上盆的缺点是不利于清洁，盆底边缘处和台面会形成很多死角，而且台面上的脏水也收集不到盆里只能用抹布擦拭。可以参照石材台面洗脸盆(台上盆)构造示意图(图5-1-1)，看懂石材台面洗脸盆的图示内容，并结合石材台面洗脸盆平面示意及其节点详图(图5-1-2、图5-1-3)熟悉石材台面洗脸盆节点(台上盆)的构造组成。

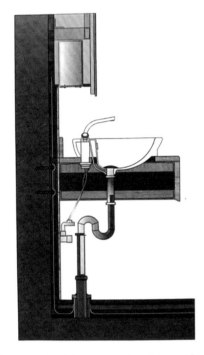

图 5-1-1　石材台面洗脸盆(台上盆)构造示意

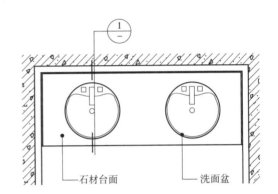

图 5-1-2　石材台面洗脸盆(台上盆)平面示意

2. 石材台面洗脸盆(台下盆)的构造组成

台下盆是一种低于洗漱台台面的洗脸盆。台下盆的优点就是使用清洁、更加方便，台面上如果有水或脏的东西更容易收集到盆里冲掉，而且不存在死角。台面上有水是很常见的，台下盆可以轻松把台面上的水抹入台盆，保持台面清洁，比较容易打理。可以参照石材台面洗脸盆(台下盆)构造示意(图5-1-4)，看懂石材台面洗脸盆的图示内容，并结合石材台面洗脸盆平面示意及其节点详图(图5-1-5、图5-1-6)熟悉石材台面洗脸盆节点(台下盆)的构造组成。

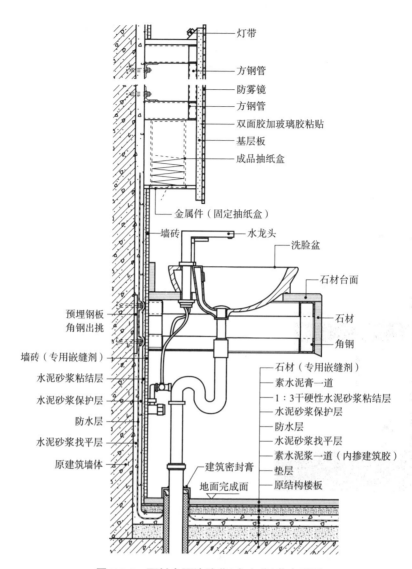

图 5-1-3　石材台面洗脸盆(台上盆)节点详图

图 5-1-4　石材台面洗脸盆(台下盆)构造示意

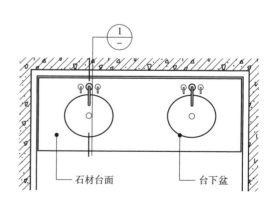

图 5-1-5　石材台面洗脸盆(台下盆)平面示意

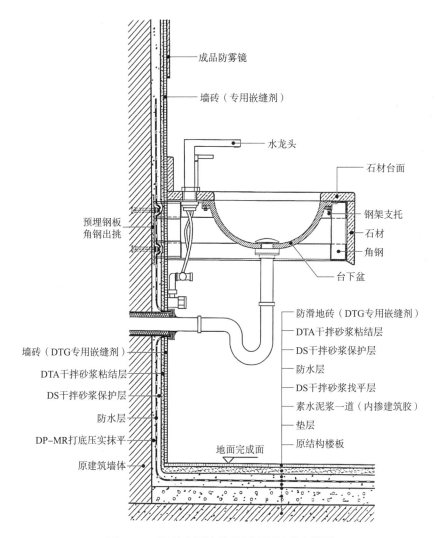

图 5-1-6 石材台面洗脸盆(台下盆)节点详图

DS—地面、楼面、屋面的抹面砂浆、找平砂浆；DTA—陶制砖胶粘剂；DTG—陶制砖嵌缝剂；
DP—墙面抹灰砂浆，后加-HR 为高保水性能、后加-MR 为中保水性能、后加-LR 为低保水性能。

3. 人造石材台面洗脸盆(一体式)的构造组成

一体式洗脸盆整体造型美观，具有耐高温性、耐湿性、易清洁的优点，表面硬且耐磨，还具有耐老化性的特点，在家装的安装过程中很方便，日常的清洗工作也很简单。可以参照人造石材台面洗脸盆节点三维示意(一体式)(图 5-1-7)，看懂人造石材台面洗脸盆节点的图示内容，并结合石材台面洗脸盆平面示意及其节点详图(图 5-1-8、图 5-1-9)熟悉人造石材台面洗脸盆节点(一体式)的构造组成。

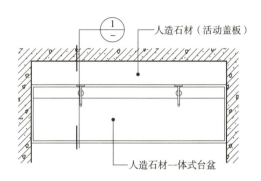

图 5-1-7　人造石材台面洗脸盆（一体式）构造示意　　图 5-1-8　人造石材台面洗脸盆（一体式）平面示意

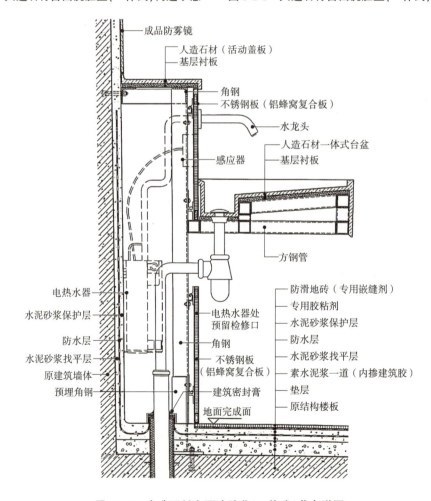

图 5-1-9　人造石材台面洗脸盆（一体式）节点详图

三、石材台面洗脸盆节点设计要点

（1）综合考虑使用要求，建议卫生间内各部位防水高度：洗面台、小便斗区域不低于1 200 mm，淋浴区不低于2 000 mm，出水口处原则上不低于250 mm。

（2）在节点设计时台下盆不仅与台面材料黏结固定，还应设置钢架支托，焊接处做防锈处理，台上盆安装比较简单，先按安装图纸在台面预定位置开孔，后将盆放置于孔中，用玻璃胶将缝隙填实即可，使用时台面的水不会顺缝隙下流。

（3）台下盆对安装工艺的要求较高，首先需按台下盆的尺寸定做台下盆安装托架，然后将台下盆安装在预定位置，固定好托架再将已开好孔的台面盖在台下盆上并固定在墙上，一般选用角铁托住台面，然后与墙体固定，设计安装可参考图5-1-10～图5-1-12。

任务实操训练

一、任务内容

本任务以某住宅卫生间装饰设计为例，参照图5-1-10～图5-1-12，完成卫生间石材台面洗脸盆（台下盆）节点施工图的设计与绘制。

相关说明：
(1)相关尺寸数据如图5-1-13所示。
(2)石材台面平面尺寸：1 100 mm(长)×600 mm(宽)。

二、任务要求

(1)掌握石材台面洗脸盆（台下盆）的构造组成。
(2)根据设计方案，使用CAD软件绘制石材台面洗脸盆（台下盆）施工图及相关详图。
(3)掌握石材台面洗脸盆（台下盆）施工图的设计及图纸绘制方法。
(4)图纸表达内容完整，制图规范，图面美观。

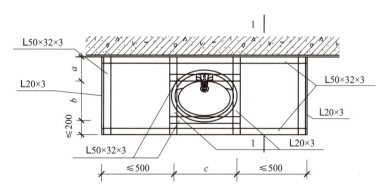

图5-1-10　悬挑式托架平面
(a、b、c尺寸根据所定脸盆器大小确定)

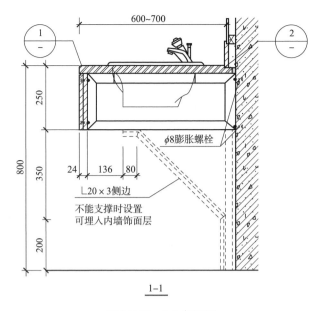

图 5-1-11　1-1 剖面图

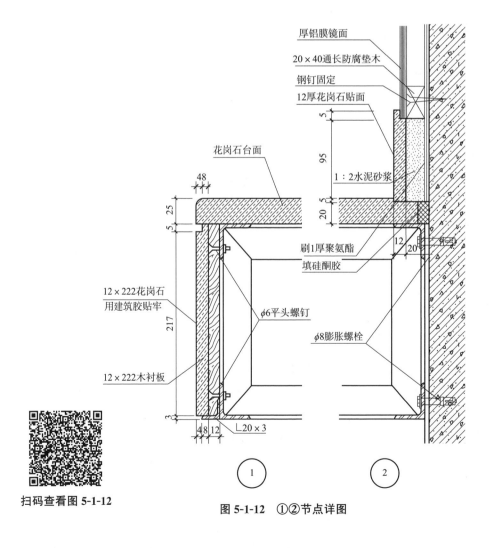

扫码查看图 5-1-12

图 5-1-12　①②节点详图

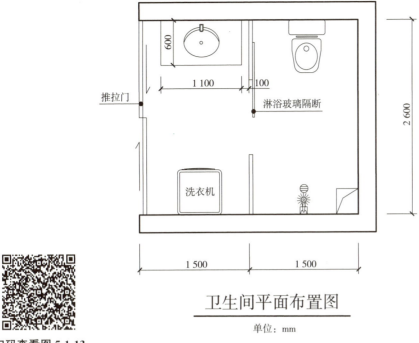

扫码查看图 5-1-13

图 5-1-13 某住宅卫生间平面布置图

任务二 淋浴隔断交接节点施工图设计与绘制

教学目标

掌握淋浴隔断交接节点的构造组成；掌握淋浴隔断交接节点施工图的图示内容及图示方法；能看懂淋浴隔断交接节点施工图；并能够根据设计方案完成"淋浴隔断交接节点施工图"的设计与绘制。

教学重点与难点

1. 淋浴隔断交接节点的构造组成。
2. 淋浴隔断交接节点施工图的图示内容及图示方法。

专业知识学习

淋浴隔断能够充分利用室内一角，用隔断将淋浴范围清晰地划分出来，形成相对独立的洗浴空间，淋浴隔断在设计安装时应注意玻璃与玻璃槽连接一定要使用软连接，也就是在它们之间加入橡胶垫和玻璃胶等柔性连接材料，不让它们硬碰硬；而且玻璃隔断易受人体冲击，应采用安全玻璃。玻璃厚度不同，玻璃抗冲击能力也不同，玻璃越厚，抗冲击能力越强。淋浴隔断玻璃应使用规范规定的安全玻璃最大使用面积（表 5-2-1），浴室内无框玻璃应使用符合表 5-2-1 的规定，且公称厚度不小于 5 mm 的钢化玻璃。

表 5-2-1　安全玻璃最大使用面积

玻璃总类	公称厚度/mm	最大使用面积/m^2
钢化玻璃	4	2.0
	5	3.0
	6	4.0
	8	6.0
	10	8.0
	12	9.0
夹层玻璃	6.38、6.76、7.52	3.0
	8.38、8.76、9.52	5.0
	10.38、10.76、11.52	7.0
	12.38、12.76、13.52	8.0

淋浴隔断交接节点包括淋浴隔断与顶棚交接节点和淋浴隔断与地面交接节点，可以参照淋浴隔断与顶棚交接节点构造示意（图 5-2-1）和淋浴隔断与地面交接节点构造示意（图 5-2-2），掌握淋浴隔断交接节点的构造组成。并结合淋浴隔断与顶棚交接节点详图（图 5-2-3）和淋浴隔断与地面交接节点详图（图 5-2-4），掌握淋浴隔断交接节点施工图的图示内容及图示方法。

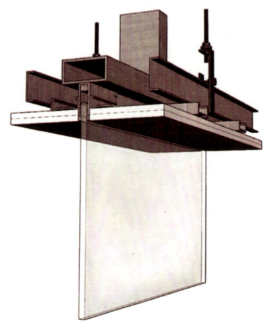

图 5-2-1　淋浴隔断与顶棚交接节点
　　　　　构造示意

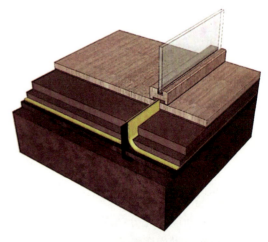

图 5-2-2　淋浴隔断与地面交接节点
　　　　　构造示意

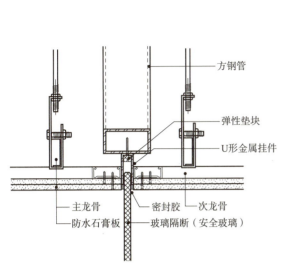
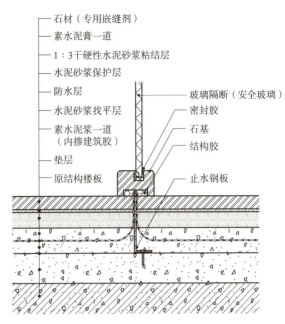

图 5-2-3 淋浴隔断与顶棚交接节点详图

图 5-2-4 淋浴隔断与地面交接节点详图

> 任务实操训练

一、任务内容

本任务以某住宅卫生间装饰设计为例，参照图 5-2-3、图 5-2-4，完成卫生间淋浴隔断与顶棚交接节点、淋浴隔断与地面交接节点施工图的设计与绘制。

相关说明：

相关尺寸数据如图 5-2-5 所示。

扫码查看图 5-2-5

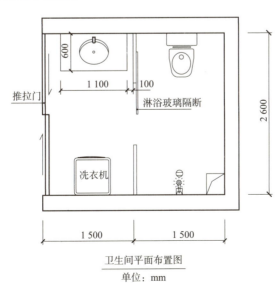

图 5-2-5 某住宅卫生间平面布置图

二、任务要求

(1)掌握淋浴隔断交接节点的构造组成。
(2)根据设计方案，使用CAD软件绘制"卫生间淋浴隔断与顶棚交接节点、淋浴隔断与地面交接节点"施工图及相关详图。
(3)掌握淋浴隔断交接节点施工图的设计及图纸绘制方法。
(4)图纸表达内容完整，制图规范，图面美观。

任务三　地面导水槽节点施工图设计与绘制

教学目标

掌握地面导水槽节点的构造组成；掌握地面导水槽节点的图示内容与方法；能够看懂地面导水槽节点施工图，并能依据设计方案完成地面导水槽节点施工图的设计与绘制。

教学重点与难点

1. 地面导水槽的构造组成。
2. 地面导水槽节点施工图的图示内容与方法。

专业知识学习

近年来随着装修设计的发展，导水槽设计也越来越流行。把大理石进行切割制成一个可以防滑的拉槽板，再把淋浴间周围设计成低洼的导水槽。这种四边排水法将中间抬高一点，四边开槽，淋浴产生的积水随着"回字形槽"再流入地漏。这种设计不仅可以使水流尽快地流进地漏，减少水在地面上的停留，还能较好地解决湿滑的问题，装修效果也很美观。导水槽一般选用大理石材质或人造石材切割制作，相比于普通瓷砖更美观、更坚固耐用。

图 5-3-1 所示为卫生间淋浴区地面导水槽的设计应用，图 5-3-2 所示为地面导水槽节点构造示意，图 5-3-3 所示为地面导水槽节点详图。根据图 5-3-2、图 5-3-3，了解地面导水槽节点的构造组成，掌握地面导水槽节点施工图的图示内容和图示方法。

模块五　卫浴空间细部构造施工图设计　255

图 5-3-1　卫生间淋浴区地面导水槽设计

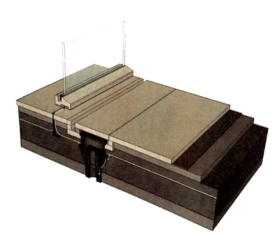

图 5-3-2　地面导水槽节点构造示意

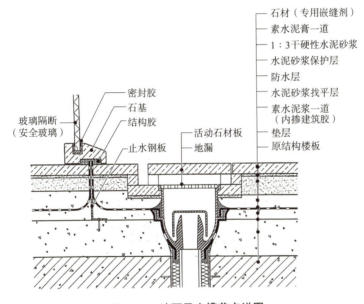

图 5-3-3　地面导水槽节点详图

任务实操训练

一、任务内容

本任务以某住宅卫生间装饰设计为例，参照图 5-3-3，完成卫生间地面导水槽节点施工图的设计与绘制。

相关说明：

相关尺寸数据如图 5-3-4 所示。

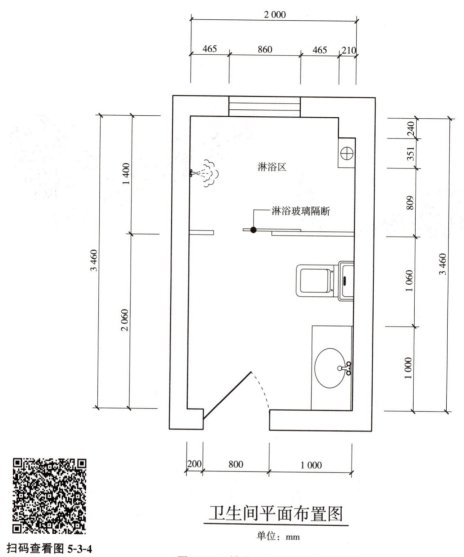

扫码查看图 5-3-4

图 5-3-4　某住宅卫生间平面布置图

二、任务要求

(1) 掌握卫生间地面导水槽节点的构造组成。
(2) 根据设计方案,使用 CAD 软件绘制卫生间地面导水槽节点施工图及相关详图。
(3) 掌握卫生间地面导水槽节点施工图的设计及图纸绘制方法。
(4) 图纸表达内容完整,制图规范,图面美观。

任务四　壁挂式卫生洁具节点施工图设计与绘制

教学目标

了解壁挂式小便器、坐便器的特点；掌握壁挂式小便器、坐便器节点的构造组成；掌握壁挂式小便器、坐便器节点施工图的图示内容与方法；能够准确识读和绘制壁挂式小便器、坐便器节点施工图。

教学重点与难点

1. 壁挂式小便器、坐便器节点的构造组成。
2. 壁挂式小便器、坐便器节点施工图的图示内容与方法。

专业知识学习

一、壁挂式小便器

壁挂式小便器（图 5-4-1）可分为地排水和墙排水。地排水的安装只要注意排水口的高度即可；墙排水的小便斗不仅要注意排水口的高度，还要在做墙砖前按小便斗的尺寸来预留进出水口。壁挂式小便器自地面至下边缘的安装高度就一般情况来讲，居住和公共建筑是 600 mm，幼儿园是 450 mm（图 5-4-2）。

图 5-4-3 所示为壁挂式小便器节点构造示意，图 5-4-4 所示为壁挂式小便器节点详图。根据图 5-4-3、图 5-4-4，了解壁挂式小便器节点的构造组成，掌握壁挂式小便器节点施工图的图示内容和图示方法。

 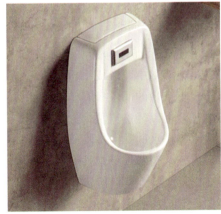

图 5-4-1　壁挂式小便器

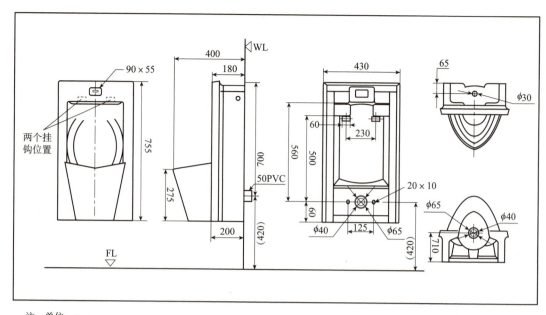

注：单位：mm
带（ ）为建议安装尺寸，规格尺寸仅供参考，工程作业时请以实物为准

规格	
类型	挂式小便器
尺寸	430×400×755
进水方式	后进水
排水方式	墙排去水
备注	可选H418/H419感应器

产品明细表	
小便器	1个
挂钩	1套
喷头	1个
码头	1套
产品尺寸安装示范图	

图 5-4-2　壁挂式小便斗安装示意

二、壁挂式坐便器

壁挂式坐便器（图5-4-5）的水箱和坐便的主体是分开的，坐便器的主体悬空固定在墙壁上，水箱隐藏在墙壁中，形成了不见水箱、不见排污管、不落地的形式，视觉上既简洁又高级。暴露在空气中的部位只有坐便器主体和墙壁上的冲水按钮，基本没有清洁死角，坐便器下方的位置可以轻松清洗，方便打理，因为壁挂式坐便器的水箱和管道都隐藏在墙体中，所以注水和排水的噪声被降低，但是安装相对比较复杂，需要提前预置水箱、排污管、固定架等，由于水箱和管道都被隐藏，检修不是太方便。

图5-4-6所示为壁挂式坐便器节点构造示意，图5-4-7所示为壁挂式坐便器水箱支架安装尺寸，图5-4-8所示为壁挂式坐便器节点详图。根据图5-4-6～图5-4-8，了解壁挂式坐便器节点的构造组成，掌握壁挂式坐便器节点施工图的图示内容和图示方法。

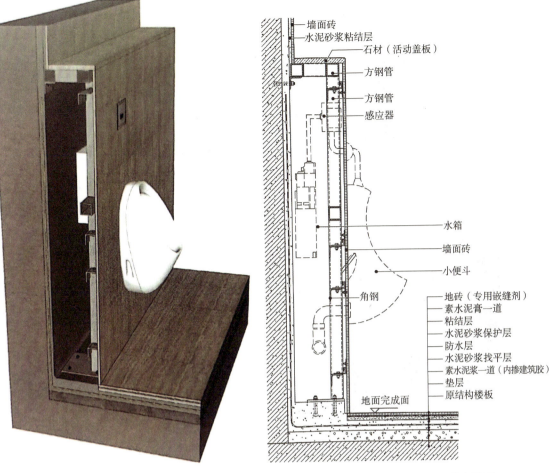

图 5-4-3　壁挂式小便器节点构造示意

图 5-4-4　壁挂式小便器节点详图

图 5-4-5　壁挂式坐便器

图 5-4-5　壁挂式坐便器(续)

图 5-4-6　壁挂式坐便器节点构造示意

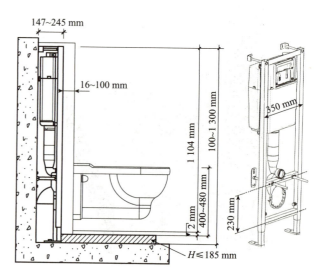

图 5-4-7　壁挂式坐便器水箱支架安装尺寸

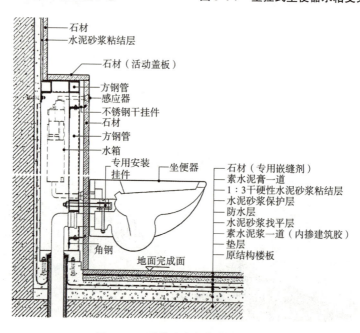

图 5-4-8　壁挂式坐便器节点详图

> 任务实操训练

一、任务内容

使用CAD软件抄绘壁挂式小便器节点详图(图5-4-4)、壁挂式坐便器节点详图(图5-4-8)。

二、任务要求

(1)掌握壁挂式小便器节点、壁挂式坐便器节点的构造组成。
(2)看懂壁挂式小便器节点详图、壁挂式坐便器节点详图。
(3)使用CAD软件抄绘壁挂式小便器节点详图、壁挂式坐便器节点详图。
(4)图纸表达内容完整,制图规范,图面美观。

参 考 文 献

[1] 中华人民共和国住房和城乡建设部. 13J502-1 内装修—墙面装修[S]. 北京：中国计划出版社，2013.

[2] 中华人民共和国住房和城乡建设部. 12J502-2 内装修—室内吊顶[S]. 北京：中国计划出版社，2012.

[3] 中华人民共和国住房和城乡建设部. 13J502-3 内装修—楼（地）面装修[S]. 北京：中国计划出版社，2013.

[4] 中华人民共和国住房和城乡建设部. 16J502-4 内装修—细部构造[S]. 北京：中国计划出版社，2016.

[5] 中华人民共和国住房和城乡建设部. GB/T 50001—2017 房屋建筑制图统一标准[S]. 北京：中国建筑工业出版社，2017.

[6] 中华人民共和国住房和城乡建设部，中华人民共和国国家质量监督检验检疫总局. GB/T 50104—2010 建筑制图标准[S]. 北京：中国建筑工业出版社，2011.

[7] 张绮曼，郑曙旸. 室内设计资料集[M]. 北京：中国建筑工业出版社，1991.

[8] 覃斌. 居住空间室内设计[M]. 北京：科学出版社，2017.

[9] 覃斌，尹晶. 建筑装饰工程制图与 CAD[M]. 北京：北京理工大学出版社，2018.